Julius Petersen

Die ebene Trigonometrie und die sphärischen Grundformeln

bremen
university
press

Julius Petersen

Die ebene Trigonometrie und die sphärischen Grundformeln

ISBN/EAN: 9783955620608

Auflage: 1

Erscheinungsjahr: 2013

Erscheinungsort: Bremen, Deutschland

@ Bremen-university-press in Access Verlag GmbH, Fahrenheitstr. 1, 28359 Bremen. Alle Rechte beim Verlag und bei den jeweiligen Lizenzgebern.

bremen
university
press

§ 1. Bestimmung der Lage eines Punktes auf einer Geraden.

1. Es sei $X_1 X$ eine gegebene Gerade und auf dieser sei O ein bekannter Punkt. Die Lage eines

$$X_1 \qquad\qquad O \qquad A \quad X$$

anderen Punktes A der Geraden läſst sich dann dadurch bestimmen, daſs man die Gröſse der Linie OA angiebt und nach welcher Seite hin A liegt. Um zwischen den beiden Richtungen zu unterscheiden, in welchen man von O aus gehen kann, nennt man die eine positiv und die andere negativ. Die Richtung gegen X sei die positive, die gegen X_1 die negative. Geht man von einem Punkte zu einem anderen, so setzt man den Buchstaben zuerst, der den Punkt bezeichnet, von dem man ausgeht. AB ist hier also positiv, wenn B rechts von A liegt, negativ, wenn B links von A liegt. AB und BA bezeichnen deshalb dieselbe Länge, aber in entgegengesetzten Richtungen durchlaufen, so daſs man immer hat: $AB = -BA$. Der feste Punkt O heiſst Anfangspunkt, und OA heiſst die Abscisse des Punktes A. Wird diese mit x bezeichnet, so hat man

$$OA = x,$$

und je nachdem x positiv oder negativ ist, liegt A rechts oder links von O. Ist x als unbenannte Zahl gegeben,

1

so wird stets angenommen, dafs eine gewisse Strecke
als Längeneinheit gewählt ist.

Ein Stück (Abschnitt) der Geraden, welches auf die
angegebene Weise durch Vorzeichen gemessen wird,
heifst eine Strecke. Liegen mehrere Strecken auf einer
Geraden, so wechseln dieselben sämtlich das Vorzeichen,
sobald man auf der Geraden die engegengesetzte Richtung als positiv nimmt.

Dadurch dafs man die Richtung durch ein Vorzeichen bestimmt, erreicht man also, dafs einer gegebenen Abscisse nur ein Punkt entspricht, während man
vorher, wenn der Abstand gegeben war, die Wahl zwischen zwei Punkten hatte.

1. Wähle eine Längeneinheit und bestimme die Punkte,
   deren Abscissen $+3$, -2, $-\sqrt{5}$ und $+\sqrt{2}$ sind.
2. Bestimme die Punkte A, B, C und D so, dafs
   $OA = -3$, $AB = -2$, $BC = \sqrt{13}$, $CD = -1$.

2. Geht man von einem Punkte zu einem
zweiten, von diesem zu einem dritten, von
diesem zu einem vierten u. s. w. und addiert die
durchlaufenen Strecken (mit ihren Vorzeichen),
so erhält man dasselbe, als wenn man sogleich
vom ersten zum letzten Punkte gegangen wäre.

Denn da man keine Sprünge macht, so mufs jede
Strecke, welche in der einen Richtung zu viel zurückgelegt ist, auch in der entgegengesetzten Richtung zurückgelegt sein und also durch die Addition verschwinden.
Man hat also:

$$AB = AC + CD + DE + EF + FB, \qquad (1)$$

wie auch die Punkte belegen sein mögen.

3. Den Abstand des Punktes A mit der Abscisse x_1 von B mit der Abscisse x_2 zu bestimmen.

$$\begin{array}{ccccc} A & M & a & B & b \\ x_1 & x & \xi_1 & x_2 & \xi_2 \end{array}$$

Man hat (1):
$$AB = AO + OB = -x_1 + x_2.$$
Der Abstand von einem Punkte bis zu einem zweiten ist also gleich der Abscisse des zweiten Punktes, vermindert um die Abscisse des ersten.

4. Die Abscisse x der Mitte der Strecke AB zu bestimmen.

Bezeichnet M die Mitte, so muſs $AM = MB$ sein; aber $AM = x - x_1$, $MB = x_2 - x$, folglich
$$x = \frac{x_1 + x_2}{2}. \tag{2}$$

5. Die Abscisse eines Punktes a zu bestimmen, dessen Abstände von A und B sich wie m zu n verhalten.

Man hat, wenn ξ_1 die Abscisse von a ist,
$$aA : aB = m : n$$
oder
$$(x_1 - \xi_1) : (x_2 - \xi_1) = m : n,$$
woraus
$$\xi_1 = \frac{mx_2 - nx_1}{m - n}. \tag{3}$$

Ist $m : n$ positiv, so haben aA und aB gleiche Vorzeichen, so daſs a auf der Verlängerung von AB liegt; ist $m : n$ negativ, so liegt a zwischen A und B. Von zwei Punkten, welche Verhältnissen entsprechen, die gleich groſs mit entgegengesetzten Vorzeichen sind, sagt man wie bekannt, dafs sie die Strecke AB harmonisch nach diesem Verhältnis teilen. Bezeichnet man dies Verhältnis durch μ, so werden die Abscissen der beiden Punkte

$$\xi_1 = \frac{\mu x_2 - x_1}{\mu - 1}; \quad \xi_2 = \frac{\mu x_2 + x_1}{\mu + 1}. \qquad (4)$$

Die beiden Punkte heifsen zugeordnete Punkte. Für $\mu = 0$ fallen beide Punkte auf x_1, für $\mu = \infty$ auf x_2, so dafs jeder der gegebenen Punkte sein eigener zugeordneter Punkt wird. Einem $\mu = 1$ entspricht $\xi_1 = \infty$, $\xi_2 = \frac{x_1 + x_2}{2}$, so dafs die Mitte von AB und der unendlich ferne Punkt der Geraden zugeordnet werden. Hieraus ersieht man, wie die Punkte sich bewegen, wenn μ sich verändert. Während μ von 0 bis 1 wächst, geht der eine Punkt von A bis an die Mitte der Strecke, sein zugeordneter von A bis an den unendlich fernen Punkt der Geraden; während μ von 1 bis ∞ zunimmt, geht der erste Punkt von der Mitte bis B, der zweite von dem unendlich fernen Punkte bis B. Der Übergang von der einen Seite der Linie zu der anderen geschieht durch den unendlich fernen Punkt; man stellt sich das am besten dadurch vor, dafs man die Linie als einen unendlich grofsen Kreis auffafst.

Löst man die Gleichungen (4) mit Beziehung auf x_1 und x_2, so erhält man

$$x_1 = \frac{\frac{\mu + 1}{\mu - 1}\xi_2 - \xi_1}{\frac{\mu + 1}{\mu - 1} - 1}, \quad x_2 = \frac{\frac{\mu + 1}{\mu - 1}\xi_2 + \xi_1}{\frac{\mu + 1}{\mu - 1} + 1},$$

woraus hervorgeht, dafs, wenn zwei Punkte a und b die Strecke AB harmonisch nach dem

Verhältnis μ teilen, die Punkte A und B die Strecke ab harmonisch nach dem Verhältnis $\dfrac{\mu+1}{\mu-1}$ teilen.

Eliminiert man μ aus den beiden Gleichungen (4), so erhält man eine Gleichung, welche für alle Werte von μ gilt, also für vier beliebige harmonisch verbundene Punkte. Man benutzt am zweckmäfsigsten die Gleichung, welche zur Bestimmung von ξ_1 diente, und setzt μ statt $\dfrac{m}{n}$; dann hat man

$$\frac{x_1-\xi_1}{x_2-\xi_1}=\mu, \text{ und dem analog } \frac{x_1-\xi_2}{x_2-\xi_2}=-\mu,$$

so dafs

$$\frac{x_1-\xi_1}{x_2-\xi_1}=-\frac{x_1-\xi_2}{x_2-\xi_2} \tag{5}$$

die Gleichung wird, welche zwischen den Abscissen von vier Punkten stattfinden mufs, damit dieselben harmonisch liegen.

Dividiert man in (5) die Dividenden beziehungsweise durch $x_1\xi_1$ und $x_1\xi_2$ und die Divisoren durch $x_2\xi_1$ und $x_2\xi_2$ (was wie leicht ersichtlich erlaubt ist), so erhält man nach Umkehrung der Vorzeichen

$$\frac{\dfrac{1}{x_1}-\dfrac{1}{\xi_1}}{\dfrac{1}{x_2}-\dfrac{1}{\xi_1}}=-\frac{\dfrac{1}{x_1}-\dfrac{1}{\xi_2}}{\dfrac{1}{x_2}-\dfrac{1}{\xi_2}};$$

hieraus geht hervor, dafs wenn vier Punkte harmonisch liegen, auch die Punkte harmonisch liegen, deren Abscissen die reciproken Werte von denen der ersteren sind. Diese Gleichung läfst sich oft leichter anwenden als die erste, wenn man nachweisen soll, dafs vier Punkte harmonisch liegen.

Nimmt man die Mitte von AB zum Anfangspunkt, so wird (5) einfacher, denn dann hat man $x_2 = -x_1$. Setzt man dies ein, so erhält man nach Fortschaffung der Brüche

$$x_1{}^2 = \xi_1 \xi_2, \tag{6}$$

woraus hervorgeht, **dafs der Abstand der Mitte von einem der gegebenen Punkte die mittlere Proportionale zwischen ihren Abständen von zwei zugeordneten Punkten ist.**

Nimmt man den einen gegebenen Punkt zum Anfangspunkt, so dafs z. B. $x_2 = 0$, so erhält man

$$\frac{2}{x_1} = \frac{1}{\xi_1} + \frac{1}{\xi_2}, \tag{7}$$

wodurch ausgedrückt wird, dafs x_1 die **mittlere harmonische Proportionale** (das harmonische Mittel) zwischen ξ_1 und ξ_2 ist.

3. Bestimme ξ_1, ξ_2 und μ, wenn x_1 und x_2 sowie $ab = k$ gegeben sind. Wie bestimmt man a und b durch Konstruktion?

4. Beweise, dafs die Ähnlichkeitspunkte zweier Kreise die Centrale harmonisch teilen.

§ 2. **Winkel.**

6. Statt der bisher gebrauchten Winkeleinheit bedient man sich oft mit Vorteil einer anderen. Die neue Einheit ist der Winkel, dessen Bogen (den Winkel als Centriwinkel genommen) ebenso lang ist wie der benutzte Radius. Diesen Winkel (für den man keine besondere Bezeichnung oder Benennung angenommen hat, der aber gemeint wird, wenn der Winkel durch eine unbenannte

oder reine Zahl angegeben wird) findet man in Graden ausgedrückt, wenn man in der bekannten Formel

$$g = \frac{180\,b}{\pi r},$$

wo g die Anzahl der Grade, b die Bogenlänge und r den Radius bedeutet, $b = r$ setzt. Man erhält dann für die neue Einheit in Graden

$$\frac{180°}{\pi} \text{ oder } 57°,29577 = 57°17'44'',8 \ldots$$

Die Anzahl g der Grade eines Winkels, der durch die Zahl n gemessen wird, ist dann

$$g = n.\frac{180}{\pi}, \text{ woraus } n = g : \frac{180}{\pi}. \qquad (8)$$

Mittels dieser beiden Formeln wird ein Winkel aus der einen Einheit in die andere übertragen. Zur Erleichterung der Rechnung merke man sich

$$\log \frac{180}{\pi} = 1{,}7581226.$$

Der rechte Winkel wird in der neuen Einheit durch $\frac{\pi}{2}$ ausgedrückt.

Nimmt man den Grad als Einheit, so erreicht man, daſs Bogen und Centriwinkel dieselbe Anzahl von Graden haben; durch die neue Einheit erhält man einen einfachen Ausdruck für die Bogenlänge, nämlich

$$b = nr; \quad n = \frac{b}{r}. \qquad (9)$$

Der Winkel ist hier also das Verhältnis zwischen Bogenlänge und Radius oder die Bogenlänge für den Radius 1.

7. Zwei Linien bilden mehrere Winkel mit einander; um eine nähere Bestimmung zu erhalten, soll

unter dem Winkel zweier Linien der Winkel
zwischen ihren positiven Richtungen ver-
standen werden. Da man sich den Winkel durch
Drehung entstanden denkt, so bleibt noch eine Unbestimmtheit zurück, da es fraglich sein kann, von welchem
Schenkel aus die Drehung begonnen, und in welcher
Richtung sie ausgeführt ist. Die erste Unbestimmtheit
vermeidet man, wenn man nicht mehr vom Winkel
zwischen zwei Linien spricht, sondern vom Winkel
von einer Linie bis zu einer anderen, die
zweite, wenn man die in der einen Umlaufsrichtung
beschriebenen Winkel als positiv, die in der anderen als
negativ rechnet. Als negative Umlaufsrichtung soll hier
diejenige genommen werden, welche die Zeiger der Uhr
haben. Durch einen einzelnen Buchstaben, z. B. L,
wird die positive Richtung einer Linie bezeichnet und
durch (LL_1) der Winkel von L bis L_1.

Da hier nur an die Richtung der Linien, mit denen
man zu thun hat, gedacht wird, so kann man sich dieselben parallel verschoben denken, bis alle durch denselben Punkt gehen. Ihre Lagen werden dann durch
den Winkel bestimmt, den sie mit einer durch diesen
Punkt gezogenen festen Geraden O bilden. So ist die
Linie L bestimmt, wenn

$$(OL) = \alpha,$$

wo α einen gegebenen positiven oder negativen Winkel
bedeutet.

Jedem Werte von α entspricht nur eine Lage von
L, während dagegen einer gegebenen Lage von L unendlich viele Werte von α entsprechen. Die Lage der
Linie wird nämlich nicht dadurch verändert, dafs man
dieselbe eine beliebige Anzahl von ganzen Umdrehungen

in positiver oder negativer Richtung machen läfst. Da
eine ganze Umdrehung durch 2π ausgedrückt wird,
werden also die Winkel

$$\alpha \text{ und } \alpha + 2p\pi$$

dieselbe Lage der Linie bestimmen, gleichgültig welche
ganze positive oder negative Zahl p bedeutet.

8. Die Untersuchung, welche oben für Punkte, die
auf einer Geraden liegen, durchgeführt wurde, läfst sich
fast wortgetreu auf Linien durch einen Punkt übertragen. Hier bezeichnen A, B, C, D, E und F also
Linien und (OA), (OB), (OC) ihre Winkel mit der
Anfangslinie. Man hat dann, wenn man wie vorhin
überlegt,

$$(AB) = (AC) + (CD) + (DE) + (EF) + (FB) \quad (10)$$

also z. B.

$$(AB) = -(BA); \quad (AB) = -(OA) + (OB). \quad (11)$$

Die letzte Gleichung zeigt, dafs der Winkel von einer
Linie bis zu einer anderen gleich der Differenz zwischen
den Winkeln der zweiten und der ersten mit der Anfangslinie ist. Auf ähnliche Weise sieht man, dafs die
Linie, welche den Winkel zwischen zwei anderen halbiert, mit der Anfangslinie einen
Winkel bildet, welcher gleich der halben
Summe der Winkel der beiden gegebenen Linien
mit der Anfangslinie ist. Sind die Linien nur durch
ihre Lagen (aber mit gegebenen positiven Richtungen)
gegeben, so dafs ihre Winkel z. B. beziehungsweise durch

$$\alpha + 2p\pi \text{ und } \alpha_1 + 2p_1\pi$$

ausgedrückt werden, so wird der Winkel der Halbierungslinie

$$\frac{\alpha + \alpha_1}{2} + (p + p_1)\pi,$$

und dieser bestimmt, da $(p+p_1)\pi$ eine willkürliche Anzahl von halben Umdrehungen ausdrückt, die Richtungen beider Halbierungslinien.

Sind die positiven Richtungen der Linien nicht gegeben, so werden dieselben durch eine willkürliche Anzahl von halben Umdrehungen nicht verändert, so dafs ihre Winkel sich ausdrücken lassen durch

$$\alpha + p\pi \text{ und } \alpha_1 + p_1\pi$$

und der Winkel der Halbierungslinie durch

$$\frac{\alpha + \alpha_1}{2} + (p+p_1)\frac{\pi}{2};$$

dieser Ausdruck bestimmt, da sein zweites Glied eine willkürliche Anzahl von rechten Winkeln ausdrückt, zwei auf einander senkrechte Linien.

Es ist zu beachten, dafs alle diese Resultate selbst dann gelten, wenn die Linien nicht durch denselben Punkt gehen, da eine Parallelverschiebung der Linien die Winkel nicht verändert.

5. Wie werden Winkel von beziehungsweise $270°$, $17°13'$, $129°12'30''$, $81°1'36''$ nach der neuen Einheit ausgedrückt?

6. Wie werden Winkel von beziehungsweise $\frac{3\pi}{4}$, $0,3005$, $2,2551$, $\sqrt{2}$ in Graden, Minuten und Sekunden ausgedrückt?

7. Welchen Winkel mit der Anfangslinie O bildet die Linie, welche den Winkel zwischen den Linien halbiert, deren Winkel mit O beziehungsweise $-30°$ und $118°$ betragen, und wie grofs wird der gesuchte Winkel, wenn die eine von den gegebenen Linien die positive Richtung mit der negativen vertauscht?

§ 3. Die trigonometrischen Verhältnisse.

9. Zwei Linien schneiden sich in O. Auf der einen wird das Stück OA abgetragen und auf die andere als OA_1 projiciert.

Das Verhältnis OA_1 : OA wird dann dasselbe bleiben, einerlei wo man auch den Punkt A wählen mag.

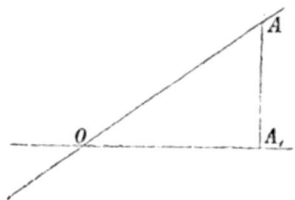

Das folgt daraus, dafs alle Dreiecke OAA_1, welche entstehen, wenn man A an verschiedenen Stellen wählt, ähnlich werden. Wählt man A auf der Verlängerung der Geraden über O hinaus, so wechselt OA das Vorzeichen, aber gleichzeitig fällt auch A_1 auf die andere Seite von O, so dafs auch OA_1 das Vorzeichen wechselt. Das Vorzeichen des Verhältnisses bleibt also auch stets dasselbe.

Die Gröfse dieses Verhältnisses hängt also nur von der Gröfse des Winkels zwischen den beiden Linien ab. Es bleibt dasselbe, welche Umlaufsrichtung man auch als positiv nehmen mag, so dafs es nicht von dem Vorzeichen des Winkels abhängt, sondern nur von dessen numerischer Gröfse. Es wechselt das Vorzeichen, wenn man auf einer von den Linien die entgegengesetzte Richtung als positiv nimmt.

Obgleich das Verhältnis durch den Winkel bestimmt ist, so kann man dasselbe doch nicht, wenn der Winkel gegeben ist, mittels der in der Geometrie mitgeteilten Sätze berechnen.

Indessen ist es sehr wichtig, dies Verhältnis finden zu können, wenn man den Winkel kennt, und umgekehrt, da man dadurch eine grofse Menge von Aufgaben lösen kann, welche aufserhalb des Bereichs der bisher mitgeteilten Methoden fallen. Man hat deshalb ein für allemal nach später zu erwähnenden Methoden eine Tafel berechnet, in der man, wenn der Winkel gegeben ist, das Verhältnis finden kann, und umgekehrt. Das Verhältnis ist im allgemeinen irrational, so dafs man sich damit begnügen mufs so viele Decimalen anzugeben, wie die jedesmalige Anwendung verlangt. Einer ähnlichen Methode hat man sich in der Algebra bedient, wo eine grofse Menge von Gleichungen sich auf die Gleichung $10^x = a$ zurückführen lassen, in der a eine positive ganze Zahl bedeutet. Die Logarithmentafel ist nichts anderes als eine Tafel, welche die Auflösungen dieser Gleichung für alle Werte von a bis zu einer gewissen Grenze enthält. Diese Methode ist in Wirklichkeit in der Mathematik die gewöhnliche.

Eine Gröfse, welche von einer anderen derartig abhängig ist, dafs sie sich aus derselben berechnen läfst, heifst eine Funktion dieser anderen Gröfse. Dafs y eine Funktion von x ist, wird durch $y = f(x)$ ausgedrückt, wenn man nicht weifs, welche Abhängigkeit zwischen y und x statt findet. Einer bestimmten Abhängigkeit giebt man einen bestimmten Namen; so sind

$$y = x^3; \quad y = \sqrt{x}; \quad y = 5^x; \quad y = \log x$$

Beispiele für verschiedene Funktionen von x. Läfst die Abhängigkeit sich nicht durch Kombinierung früher bekannter Funktionen ausdrücken, so hat man eine neue Funktion, und man führt dann eine neue Bezeichnung ein. Das ist eben der Fall mit dem oben erwähnten Verhältnis. Ist a der Winkel, so nennt man das Verhältnis den Cosinus von a und schreibt $\cos a$. Diese und die folgenden trigonometrischen Funktionen, welche demnächst Erwähnung finden werden, heifsen periodisch, weil sie sich nur nach der Lage der Linien richten, die periodisch (nämlich nach jeder ganzen Umdrehung) dieselbe wird, und nicht nach der Anzahl von ganzen Umdrehungen, welche möglicherweise zurückgelegt ist. Dieselben werden daher nicht verändert, wenn man zu dem Winkel $2p\pi$, also p Umdrehungen, addiert.

Da das Verhältnis $cos\,\alpha$ dasselbe bleibt, wo man auch A wählen möge, so setzt man, um die Untersuchung zu erleichtern $OA = 1$. Man erhält dann $cos\,\alpha = OA_1$; doch hat man zu beachten, dafs OA_1 nicht mehr die Strecke bedeutet, sondern die unbenannte Zahl, welche das Verhältnis derselben zu der gewählten Einheit angiebt. Man denkt sich dann den Winkel variierend, indem man OA von der festen Lage OX ausgehen und sich in der positiven Umlaufsrichtung drehen läfst. Für OX wählt man die positive Richtung gegen X. Die beiden auf einander senkrechten Durchmesser teilen

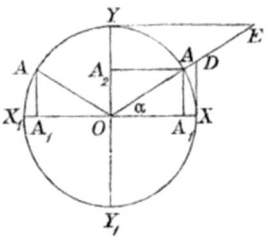

den Kreis in vier Quadranten, welche, der positiven Umlaufsrichtung folgend, der 1ste, 2te, 3te u. s. w. heifsen. Vom Winkel sagt man, dafs er in dem Quadranten liege, in welchem OA sich befindet, während der andere Schenkel OX fest liegt.

Im ersten Quadranten geht dann α von 0 bis $\frac{\pi}{2}$, $cos\,\alpha$ von 1 bis 0, im zweiten Quadranten geht α von

$\frac{\pi}{2}$ bis π, *cos* α von 0 bis —1, im dritten Quadranten

geht α von π bis $\frac{3\pi}{2}$, *cos* α von —1 bis 0 und im vierten

α von $\frac{3\pi}{2}$ bis 2π, *cos* α von 0 bis 1. Darauf beginnt die

Periode für *cos* α von neuem. Der *cos* ist also positiv
im ersten und vierten, negativ im zweiten und dritten
Quadranten und bewegt sich beständig zwischen den
Grenzen $+1$ und -1.

  10. Dreht man die Linie OX um einen Winkel
$\frac{\pi}{2}$, so gelangt sie in die Lage OY, deren positive Richtung von O nach Y geht. Projiciert man OA auf diese
Linie, so erhält man ein neues Verhältnis, das durch
OA_2 dargestellt wird und Sinus von α (*sin* α) genannt
wird. Man sieht, dafs der *sin* im ersten und zweiten
Quadranten positiv, im dritten und vierten negativ ist
und dafs

$$\sin 0 = 0, \ \sin \frac{\pi}{2} = 1, \ \sin \pi = 0, \ \sin \frac{3\pi}{2} = -1.$$

sin α bewegt sich also auch zwischen $+1$ und -1. Die
Funktion *sin* α ist der Bequemlichkeit wegen eingeführt,
war aber nicht notwendig, da sie leicht durch *cos* α bestimmt wird. Man hat nämlich für alle Lagen OA_2
$= A_1 A$, und also aus dem rechtwinkligen Dreieck $OA_1 A$

$$\sin^2 \alpha + \cos^2 \alpha = 1, \tag{12}$$

woraus

$$\sin \alpha = \pm \sqrt{1-\cos^2 \alpha}; \ \ \cos \alpha = \pm \sqrt{1-\sin^2 \alpha}. \tag{13}$$

Man sieht, dafs einem gegebenen Werte des einen Verhältnisses zwei Werte des anderen entsprechen, die nu-
merisch gleich grofs sind, aber entgegengesetzte Vor-

zeichen haben; das läfst sich leicht an der Figur nachweisen.

11. Man hat gleichfalls der Bequemlichkeit wegen
noch einige andere Funktionen eingeführt, nämlich

$$\frac{\sin \alpha}{\cos \alpha} = \operatorname{tg} \alpha \ (\text{Tangens } \alpha), \tag{14}$$

$$\frac{1}{\cos \alpha} = \sec \alpha \ (\text{Secans } \alpha), \tag{15}$$

$$\frac{\cos \alpha}{\sin \alpha} = \cot \alpha \ (\text{Cotangens } \alpha), \tag{16}$$

$$\frac{1}{\sin \alpha} = \operatorname{cosec} \alpha \ (\text{Cosecans } \alpha). \tag{17}$$

Diese Formeln zeigen, dafs *tg* positiv ist, wenn *sin* und
cos gleiches Vorzeichen haben, also im ersten und dritten
Quadranten, negativ, wenn sie verschiedene Vorzeichen
haben, also im zweiten und vierten Quadranten; ferner
dafs *tg* gleich Null ist, wenn *sin* gleich Null ist, und
unendlich, wenn *cos* gleich Null ist, dafs *tg* wächst,
wenn *sin* wächst, und abnimmt wenn *sin* abnimmt.
Sie wechselt nicht allein das Vorzeichen, wenn sie durch
Null, sondern auch, wenn sie durch Unendlich hin-
durch geht, das heifst, sie springt, wenn der Winkel
ein ungerades Vielfaches von $\frac{\pi}{2}$ ist, plötzlich von $+\infty$
nach $-\infty$.

sec hat dasselbe Vorzeichen wie *cos* und wird unendlich, wenn *cos* Null ist, also gleichzeitig mit *tg*.
Da *cos* zwischen die Grenzen $+1$ und -1 fällt, so
mufs *sec* aufserhalb dieser Grenzen fallen.

Man kann auf einfache Weise Linien konstruieren,
welche *tg* und *sec* darstellen. Errichtet man die Senkrechte XD, so hat man nämlich, da $\triangle OAA_1 \backsim \triangle ODX$,

$$\frac{XD}{\sin\alpha} = \frac{1}{\cos\alpha} = \frac{OD}{1},$$

folglich

$$XD = \operatorname{tg}\alpha; \quad OD = \sec\alpha.$$

Da *cot* der reciproke Wort von *tg* ist, so hat sie dasselbe Vorzeichen wie *tg*, ist unendlich, wenn *sin* Null ist, uud Null, wenn *cos* Null ist.

cosec hat dasselbe Vorzeichen wie *sin*, fällt aufserhalb der Grenzen $+1$ und -1 und wird unendlich, wenn *sin* Null ist. Errichtet man in Y die Senkrechte YE, so hat man leicht auf dieselbe Weise wie oben:

$$YE = \cot\alpha; \quad OE = \operatorname{cosec}\alpha.$$

12. Da die trigonometrischen Verhältnisse alle durch *sin* und *cos* ausgedrückt werden und sich also auch durch eine von diesen Gröfsen allein ausdrücken lassen, so wird man jede derselben finden können, wenn eine von den übrigen gegeben ist; von solchen Relationen sind zu merken:

$$\sec^2\alpha - \operatorname{tg}^2\alpha = 1 \quad [\text{Aus (15), (14) und (12)}] \quad (18)$$

$$\operatorname{cosec}^2\alpha - \cot^2\alpha = 1 \quad [\text{Aus (16), (17) und (12)}] \quad (19)$$

$$\cot\alpha . \operatorname{tg}\alpha = 1 \quad [\text{(14) und (16)}] \quad (20)$$

$$\sin\alpha = \frac{\pm\operatorname{tg}\alpha}{\sqrt{1+\operatorname{tg}^2\alpha}} \quad \begin{array}{l}[\text{Durch Elimin. von } cos \text{ aus (12)} \\ \text{und (14)}]\end{array} \quad (21)$$

$$\cos\alpha = \frac{\pm 1}{\sqrt{1+\operatorname{tg}^2\alpha}} \quad \begin{array}{l}[\text{Durch Multipl. von (21) mit} \\ cot\,\alpha].\end{array} \quad (22)$$

13. Es giebt eine einfache Verbindung (Beziehung) zwischen den trigonometrischen Funktionen zweier Winkel, deren Unterschied $\frac{\pi}{2}$ beträgt. Um diese zu zeigen messe man für eine beliebige Lage der Linie OA den Winkel teils von der positiven Richtung X, teils von

der positiven Richtung Y aus; bezeichnet man die beiden Winkel beziehungsweise mit α und β, so hat man, wenn A die positive Richtung OA bezeichnet,

$$(XA) = \alpha; \quad YA = \beta,$$

aber

$$(XA) = (XY) + (YA)$$

oder

$$\alpha = \frac{\pi}{2} + \beta.$$

Nun erhält man

$$\sin \alpha = \cos \beta,$$

da beide Funktionen bestimmt werden durch OA_2, gemessen auf der Linie, deren positive Richtung Y ist; dagegen findet man

$$\cos \alpha = -\sin \beta,$$

indem OA_1 sowohl $\cos\alpha$ wie $\sin\beta$ bestimmt; aber während X die positive Richtung bei der Bestimmung von $\cos\alpha$ ist, so ist dieselbe X_1 bei der Bestimmung von $\sin\beta$ zufolge der Definition von $\sin$. Man hat also

$$\sin\alpha = \cos\left(\alpha - \frac{\pi}{2}\right); \quad \cos\alpha = -\sin\left(\alpha - \frac{\pi}{2}\right), \quad (23)$$

und hieraus folgt wieder durch Division

$$\operatorname{tg}\alpha = -\cot\left(\alpha - \frac{\pi}{2}\right); \quad \cot\alpha = -\operatorname{tg}\left(\alpha - \frac{\pi}{2}\right). \quad (24)$$

Man darf also $\frac{\pi}{2}$ von einem Winkel subtrahieren, wenn man gleichzeitig $\sin$ in $\cos$, $\cos$ in $-\sin$, tg in $-\cot$ und $\cot$ in $-\operatorname{tg}$ verändert.

Benutzt man die gefundenen Formeln um noch einmal $\frac{\pi}{2}$ vom Winkel zn subtrahieren, so erhält man

$$\left. \begin{array}{l} \sin(\alpha - \pi) = -\sin\alpha; \quad \cos(\alpha - \pi) = -\cos\alpha; \\ \operatorname{tg}(\alpha - \pi) = \operatorname{tg}\alpha; \quad \cot(\alpha - \pi) = \cot\alpha, \end{array} \right\} \quad (25)$$

woraus hervorgeht, dafs *sin* und *cos* das Vorzeichen wechseln, während *tg* und *cot* unverändert bleiben, wenn man π vom Winkel
subtrahiert, und folglich auch, wenn man π
zum Winkel addiert (da eine Veränderung von 2π
ohne Einflufs ist). Dasselbe ergiebt sich, wenn man
die Winkel von OX_1 aus rechnet, wodurch auf beiden
Linien, auf welchen *sin* und *cos* gemessen werden, die
entgegengesetzte Richtung zur positiven wird.

Denkt man sich die entgegengesetzte Umlaufsrichtung als positiv, so wechselt der Winkel das Vorzeichen,
cos bleibt unverändert, während *sin* das Vorzeichen
wechselt, da OY_1 nun positiv wird (zufolge der Definition von *sin*); man hat also

$$\left.\begin{array}{l} \sin(-\alpha) = -\sin\alpha; \quad \cos(-\alpha) = \cos\alpha, \quad \text{und} \\ \text{daraus} \quad \operatorname{tg}(-\alpha) = -\operatorname{tg}\alpha. \end{array}\right\} \quad (26)$$

Daraus erhält man wieder, wenn man π zum Winkel
addiert

$$\left.\begin{array}{l} \sin(\pi-\alpha) = \sin\alpha; \quad \cos(\pi-\alpha) = -\cos\alpha; \\ \operatorname{tg}(\pi-\alpha) = -\operatorname{tg}\alpha. \end{array}\right\} \quad (27)$$

Zwei Supplementwinkel haben also gleiche
sin, während ihre *cos* und *tg* entgegengesetzte
Vorzeichen haben.

Durch Anwendung von (23) und (26) erhält man

$$\left.\begin{array}{l} \sin\left(\dfrac{\pi}{2}-\alpha\right) = \cos\alpha; \quad \cos\left(\dfrac{\pi}{2}-\alpha\right) = \sin\alpha; \\[2mm] \operatorname{tg}\left(\dfrac{\pi}{2}-\alpha\right) = \cot\alpha; \end{array}\right\} \quad (28)$$

dividiert man 1 durch diese Formeln, so hat man

$$\left.\begin{array}{l} \operatorname{cosec}\left(\dfrac{\pi}{2}-\alpha\right) = \sec\alpha; \quad \sec\left(\dfrac{\pi}{2}-\alpha\right) = \operatorname{cosec}\alpha; \\[2mm] \cot\left(\dfrac{\pi}{2}-\alpha\right) = \operatorname{tg}\alpha. \end{array}\right\} \quad (29)$$

Man darf also einen Winkel mit seinem Komplemente vertauschen, wenn man gleichzeitig *sin*, *tg* und *sec* beziehungsweise mit *cos*, *cot* und *cosec* vertauscht.

Diese einfachen Relationen sind von grofser Bedeutung, weil man es mit ihrer Hülfe dahin bringen kann, dafs man nur mit Winkeln des ersten Quadranten zu rechnen braucht, und also nur einer Tafel mit den Funktionen dieser Winkel bedarf. Man kann nämlich, ohne die trigonometrischen Verhältnisse zu verändern, so vielmal 2π addieren oder subtrahieren, dafs man einen Winkel zwischen 0 und 2π erhält; ist dieser gröfser als π, so subtrahiert man π, und ist der so erhaltene Winkel gröfser als $\frac{\pi}{2}$, so subtrahiert man $\frac{\pi}{2}$.

Da alle trigonometrischen Verhältnisse des ersten Quadranten positiv sind, so mufs ein gegebenes negatives Verhältnis einem Winkel aufserhalb des ersten Quadranten entsprechen, so dafs man die Tafel nicht ohne weiteres benutzen kann. Man vertauscht deshalb den Winkel mit einem solchen, dafs das Vorzeichen des Verhältnisses verändert wird, und benutzt die Tafel zur Bestimmung dieses Winkels; aus diesem Winkel läfst sich der gesuchte leicht ableiten. Ist beispielsweise $cos\,\alpha = -\frac{1}{3}$, so wird $cos\,(\pi-\alpha) = \frac{1}{3}$, und $(\pi-\alpha)$ findet man dann mit Hülfe der Tafel.

14. Zwei Punkte A und B auf einer Geraden L werden auf eine Gerade M beziehungsweise in den Punkten A_1 und B_1 projiciert; man hat dann in allen Fällen

$$A_1 B_1 = AB \cos (ML). \qquad (30)$$

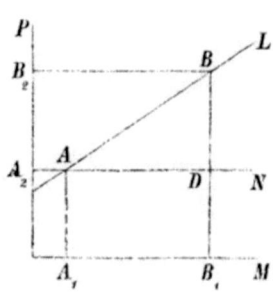

Denn zieht man durch A eine Gerade $N \parallel M$, deren positive Richtung dieselbe ist wie die von M, so hat man, da der Durchschnittspunkt D die Projektion von B auf diese Linie ist,

$$AD : AB = \cos(NL),$$

aber

$$AD = A_1 B_1 \text{ und } (NL) = (ML).$$

15. Wird AB als $A_2 B_2$ auf eine Linie P projiciert, welche so gezogen ist, dafs $(MP) = +\frac{\pi}{2}$, so hat man zufolge (30)

$$A_2 B_2 = AB \cos(PL)$$

aber

$$(PL) = (PM) + (ML) = -\frac{\pi}{2} + (ML),$$

mithin

$$\cos(PL) = \cos\left(-\frac{\pi}{2} + (ML)\right) = \sin(ML),$$

und folglich

$$A_2 B_2 = AB \sin(ML). \tag{31}$$

Es ist zu beachten, dafs die Reihenfolge der Buchstaben beim Winkel in dieser Formel von Bedeutung ist, während dieselbe in (30) gleichgültig ist.

8. Wie grofs sind die übrigen trigonometrischen Verhältnisse von α, wenn $\sin\alpha = \frac{1}{2}$, oder $\sin\alpha = \frac{1}{2}\sqrt{2}$, oder $\sin\alpha = \frac{1}{4}\left(\sqrt{5} - 1\right)$ ist?

9. Wie grofs sind dieselben, wenn $\mathrm{tg}\,\alpha = \sqrt{2}$, oder wenn $\cot\alpha = \sqrt{\frac{1}{3}}$?

10. Bestimme $\operatorname{tg} \alpha$, wenn $\cos^2 \alpha - \sin^2 \alpha = \frac{1}{2}$.

11. Bestimme $\operatorname{tg} \alpha$ und $\cot \alpha$, wenn ihre Summe 2 beträgt.

12. Beweise, dafs $2 \sin^2 \alpha + \cos^4 \alpha - \sin^4 \alpha = 1$.

13. Beweise, dafs $1 - \operatorname{tg}^2 \alpha = (1 + \operatorname{tg}^2 \alpha)(1 - 2 \sin^2 \alpha)$.

14. Der Ausdruck $2 \cos^2 \alpha - 3 \sin^2 \alpha$ soll so umgeformt werden, dafs er nur noch $\operatorname{tg} \alpha$ enthält.

15. Zeige, dafs $\sin 60° = \cos 30°$; $\sin 115° = \cos 25°$: $\operatorname{tg} 710° = -\operatorname{tg} 10°$; $\cos 1000° = \sin 10°$.

16. Den Ausdruck
$$\sin 729°13' - \cos 517°12'15'' + \operatorname{tg}(-513°7')$$
so umzuformen, dafs er nur noch Winkel zwischen $0°$ und $45°$ enthält.

17. Die Gleichungen
$$\sin \alpha = -\sqrt{\tfrac{1}{2}}; \quad \operatorname{tg} \alpha = -\tfrac{1}{2}; \quad \cos \alpha = -0{,}3$$
so umzuformen, dafs man die Tafeln zur Bestimmung der Winkel benutzen kann.

18. Welcher andere Winkel in den vier ersten Quadranten hat dieselbe *tg* wie α, welcher denselben *sin* und welcher denselben *cos*?

19. Auf einer Geraden L ist ein Stück AB abgetragen, welches als $A_1 B_1$ auf eine Gerade X und als $A_2 B_2$ auf eine Gerade Y projiciert wird, und zwar ist
$$(XY) = +\frac{\pi}{2}.$$
Bestimme die Länge von AB, wenn $A_1 B_1 = 3$ und $A_2 B_2 = -4$. In welchen Quadranten liegen (XL) und (YL)?

20. Wie ändern sich Vorzeichen und Wert von $\cos \alpha - \sin \alpha$, wenn α von 0 bis 2π wächst?

§ 4. Die trigonometrischen Funktionen von Summen und Differenzen von Winkeln.

16. Man ziehe vom Mittelpunkt O zwei Linien L und M, so dafs
$$(XL) = \alpha, \quad (LM) = \beta \text{ und also } (XM) = \alpha + \beta.$$

Die Winkel können beliebig sein, positiv oder negativ. Wie oben ist $OL = OM = 1$.

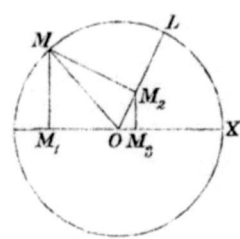

Man projiciere M auf X in M_1, auf L in M_2 und M_2 auf X in M_3; man hat dann, indem man die positive Richtung P von $M_2 M$ so wählt, dafs (LP)

$$= + \frac{\pi}{2},$$

$$\cos(\alpha + \beta) = OM_1 = OM_3 + M_3 M_1,$$

aber

$$OM_3 = OM_2 \cos \alpha = \cos \beta \cos \alpha,$$

und

$$M_3 M_1 = M_2 M \cos(XP) = \sin \beta \cos[(XL) + (LP)]$$
$$= -\sin \beta \sin \alpha,$$

da

$$\cos[(XL) + (LP)] = \cos\left((XL) + \frac{\pi}{2}\right) = -\sin(XL).$$

Hier sind nur allgemeingültige Formeln und Sätze benutzt worden, so dafs man für alle Fälle hat:

$$\cos(\alpha + \beta) = \cos \alpha \cos \beta - \sin \alpha \sin \beta. \qquad (32)$$

Setzt man $-\beta$ an Stelle von β, so folgt hieraus:

$$\cos(\alpha - \beta) = \cos \alpha \cos \beta + \sin \alpha \sin \beta. \qquad (33)$$

Wird hierin wiederum $\frac{\pi}{2} - \alpha$ statt α eingesetzt, so erhält man:

$$\cos\left(\frac{\pi}{2} - (\alpha + \beta)\right) = \cos\left(\frac{\pi}{2} - \alpha\right) \cos \beta + \sin\left(\frac{\pi}{2} - \alpha\right) \sin \beta,$$

oder

$$\sin(\alpha + \beta) = \sin \alpha \cos \beta + \cos \alpha \sin \beta, \qquad (34)$$

und hieraus wiederum

$$\sin(\alpha - \beta) = \sin \alpha \cos \beta - \cos \alpha \sin \beta. \qquad (35)$$

Nun hat man ferner

$$\mathrm{tg}\,(\alpha \pm \beta) = \frac{\sin (\alpha \pm \beta)}{\cos (\alpha \pm \beta)} = \frac{\sin \alpha \cos \beta \pm \cos \alpha \sin \beta}{\cos \alpha \cos \beta \mp \sin \alpha \sin \beta},$$

oder, wenn man durch $\cos \alpha \cos \beta$ verkürzt,

$$\mathrm{tg}\,(\alpha \pm \beta) = \frac{\mathrm{tg}\,\alpha \pm \mathrm{tg}\,\beta}{1 \mp \mathrm{tg}\,\alpha\,\mathrm{tg}\,\beta}. \qquad (36)$$

§ 5. Die trigonometrischen Funktionen des verdoppelten und des halbierten Winkels.

17. Da $\sin 2\alpha = \sin(\alpha + \alpha)$, so folgt aus (34)

$$\sin 2\alpha = 2 \sin \alpha \cos \alpha, \qquad (37)$$

und auf ähnliche Weise aus (32) und (12)

$$\cos 2\alpha = \cos^2\alpha - \sin^2\alpha = 2\cos^2\alpha - 1 = 1 - 2\sin^2\alpha, \quad (38)$$

und aus (36)

$$\mathrm{tg}\,2\alpha = \frac{2\,\mathrm{tg}\,\alpha}{1 - \mathrm{tg}^2\,\alpha}. \qquad (39)$$

18. $\sin \tfrac{1}{2}\alpha$ und $\cos \tfrac{1}{2}\alpha$ findet man auf folgende Weise: Es ist

$$\cos^2 \alpha - \sin^2 \alpha = \cos 2\alpha$$

und

$$\cos^2 \alpha + \sin^2 \alpha = 1,$$

woraus $2\cos^2\alpha = 1 + \cos 2\alpha$; $2\sin^2\alpha = 1 - \cos 2\alpha$.

Bestimmt man hieraus $\cos \alpha$ und $\sin \alpha$ und setzt $\frac{\alpha}{2}$ an Stelle von α, so erhält man

$$\cos\frac{\alpha}{2} = \sqrt{\frac{1 + \cos \alpha}{2}}; \quad \sin\frac{\alpha}{2} = \sqrt{\frac{1 - \cos \alpha}{2}}. \quad (40)$$

Hieraus erhält man wiederum

$$\mathrm{tg}\,\frac{\alpha}{2} = \frac{\sin\frac{\alpha}{2}}{\cos\frac{\alpha}{2}} = \sqrt{\frac{1 - \cos \alpha}{1 + \cos \alpha}} = \frac{1 - \cos \alpha}{\sin \alpha} = \frac{\sin \alpha}{1 + \cos \alpha}; \quad (41)$$

die beiden letzten Ausdrücke sind durch Erweiterung des Quotienten unter dem Wurzelzeichen mit $1 - \cos\alpha$ oder $1 + \cos\alpha$ entstanden. Da eine Quadratwurzel ausgezogen ist, so ist das Vorzeichen der beiden letzten Quotienten eigentlich unbestimmt. Man erhält die Formeln ohne diese Unbestimmtheit, wenn man den ersten Ausdruck für $tg\frac{\alpha}{2}$ mit $2\sin\frac{\alpha}{2}$ oder $2\cos\frac{\alpha}{2}$ erweitert.

Die Wurzelgröfsen sind überall mit dem Vorzeichen zu nehmen. welches dem Quadranten, in den $\frac{\alpha}{2}$ hineinfällt, entspricht.

Aus (41) erhält man $tg\frac{\pi}{4} = tg\frac{1}{2}\cdot\frac{\pi}{2} = 1$, und damit erhält man aus (36)

$$tg\left(\frac{\pi}{4}\pm\alpha\right) = \frac{1\pm tg\,\alpha}{1\mp tg\,\alpha}. \tag{42}$$

21.
$$\begin{aligned}
\sin(\alpha+\beta+\gamma) &= \sin\alpha\cos(\beta+\gamma) + \cos\alpha\sin(\beta+\gamma)\\
&= \sin\alpha(\cos\beta\cos\gamma - \sin\beta\sin\gamma) + \cos\alpha(\sin\beta\cos\gamma\\
&\quad + \cos\beta\sin\gamma) = \sin\alpha\cos\beta\cos\gamma - \sin\alpha\sin\beta\sin\gamma\\
&\quad + \cos\alpha\sin\beta\cos\gamma + \cos\alpha\cos\beta\sin\gamma.
\end{aligned}$$

22.
$$\begin{aligned}
\cos(\alpha+\beta+\gamma) &= \cos\alpha\cos(\beta+\gamma) - \sin\alpha\sin(\beta+\gamma)\\
&= \cos\alpha(\cos\beta\cos\gamma - \sin\beta\sin\gamma) - \sin\alpha(\sin\beta\cos\gamma\\
&\quad + \cos\beta\sin\gamma) = \cos\alpha\cos\beta\cos\gamma - \cos\alpha\sin\beta\sin\gamma\\
&\quad - \sin\alpha\sin\beta\cos\gamma - \sin\alpha\cos\beta\sin\gamma.
\end{aligned}$$

23.
$$\begin{aligned}
tg\,\alpha + tg\,\beta &= \frac{\sin\alpha}{\cos\alpha} + \frac{\sin\beta}{\cos\beta} = \frac{\sin\alpha\cos\beta + \cos\alpha\sin\beta}{\cos\alpha\cos\beta}\\
&= \frac{\sin(\alpha+\beta)}{\cos\alpha\cos\beta}.
\end{aligned}$$

24.
$$\cot\alpha - tg\,\beta = \frac{\cos\alpha}{\sin\alpha} - \frac{\sin\beta}{\cos\beta} = \frac{\cos(\alpha+\beta)}{\sin\alpha\cos\beta}.$$

25.
$$\begin{aligned}
tg\,\alpha + tg\,\beta - tg(\alpha+\beta) &= \frac{\sin(\alpha+\beta)}{\cos\alpha\cos\beta} - \frac{\sin(\alpha+\beta)}{\cos(\alpha+\beta)}\\
&= \sin(\alpha+\beta)\frac{\cos(\alpha+\beta) - \cos\alpha\cos\beta}{\cos\alpha\cos\beta\cos(\alpha+\beta)}\\
&= -tg\,\alpha\,tg\,\beta\,tg(\alpha+\beta).
\end{aligned}$$

26. $sin\,\alpha = 2\,sin\tfrac{1}{2}\alpha\,cos\tfrac{1}{2}\alpha;\quad cos\,\alpha = 1 - 2\,sin^2\dfrac{\alpha}{2};$

$sin\,(\alpha + \beta) = 2\,sin\tfrac{1}{2}(\alpha + \beta)\,cos\tfrac{1}{2}(\alpha + \beta).$

27. $cos\,3\alpha = cos\,(2\alpha + \alpha) = cos\,2\alpha\,cos\,\alpha - sin\,2\alpha\,sin\,\alpha$

$= cos^3\alpha - 3\,cos\,\alpha\,sin^2\alpha = cos^3\alpha - 3\,cos\,\alpha(1 - cos^2\alpha)$

$= 4\,cos^3\alpha - 3\,cos\,\alpha\,{}^*).$

28. $sin\,4\alpha = 2\,sin\,2\alpha\,cos\,2\alpha = 4\,sin\,\alpha\,cos\,\alpha\,(cos^2\alpha - sin^2\alpha).$

29. Bestimme x unter möglichst einfacher Form aus den Gleichungen

1) $\dfrac{1 + x}{1 - x} = \operatorname{tg} v;$ 2) $\dfrac{2x}{1 - x^2} = \operatorname{tg} v;$

3) $\dfrac{x + \operatorname{tg} u}{1 - x\operatorname{tg} u} = \operatorname{tg}(u + v);$ 4) $2x\sqrt{1 - x^2} = \sin v;$

5) $1 + \sqrt{1 - x^2} = x\operatorname{tg} v.$

30. Beweise, daſs $sin\,(\alpha + \beta)\,sin\,(\alpha - \beta) = sin^2\alpha - sin^2\beta;$

$cos\,(\alpha + \beta)\,cos\,(\alpha - \beta) = cos^2\alpha - sin^2\beta;$

$(cos\,\alpha + \sqrt{-1}\,sin\,\alpha)^2 = cos\,2\alpha + \sqrt{-1}\,sin\,2\alpha;$

$(cos\,\alpha + \sqrt{-1}\,sin\,\alpha)^3 = cos\,3\alpha + \sqrt{-1}\,sin\,3\alpha;$

$(cos\,\alpha + \sqrt{-1}\,sin\,\alpha)^n = cos\,n\alpha + \sqrt{-1}\,sin\,n\alpha$ (wo n eine ganze Zahl bedeutet).

Aus der letzten Gleichung sollen Ausdrücke für $cos\,n\alpha$ und $sin\,n\alpha$ abgeleitet werden.

31. $\operatorname{tg} 3\alpha$ und $\operatorname{tg} 4\alpha$ durch $\operatorname{tg}\alpha$ auszudrücken.

32. $cos\,\alpha$ durch $\operatorname{tg}\dfrac{\alpha}{2}$ auszudrücken.

---

*) Setzt man $\tfrac{1}{3}\alpha$ statt α, $cos\,\alpha = a$ und $cos\tfrac{1}{3}\alpha = z$, so erhält man für die Bestimmung des letzteren

$$4z^3 - 3z - a = 0.$$

Da z als Wurzel einer Gleichung dritten Grades von allgemeiner Form sich nicht durch a mit Hülfe von Quadratwurzeln allein ausdrücken läſst, so folgt hieraus die Unmöglichkeit der Dreiteilung des Winkels mittels Zirkel und Lineal, da eine Konstruktion nur dann möglich ist, wenn die gefundenen Gröſsen sich durch die gegebenen allein durch Quadratwurzeln ausdrücken lassen.

33. Wie grofs ist $tg(\alpha + \beta + \gamma)$, wenn $tg\alpha = \frac{1}{2}$, $tg\beta = \frac{1}{5}$, $tg\gamma = \frac{1}{8}$?

34. Wie grofs ist $tg(4u-v)$, wenn $tgu = \frac{1}{5}$, $tgv = \frac{1}{239}$?

35. $\dfrac{\cot\alpha + tg\alpha}{\cot\alpha - tg\alpha}$ zu vereinfachen.

36. Beweise, dafs
$$\frac{tg\,v}{tg\,2v - tg\,v} = \cos 2v.$$

37. Bestimme x und y aus den Gleichungen
$$x\,tg\alpha + y\,tg\beta = tg\gamma,$$
$$x\cot\alpha + y\cot\beta = \cot\gamma.$$
Das Resultat soll auf logarithmische Form gebracht werden.

38. Man drücke $sin\dfrac{\alpha}{2}$ und $cos\dfrac{\alpha}{2}$ durch $sin\alpha$ unter einfach irrationaler Form aus, und untersuche, welches Vorzeichen den gewonnenen Ausdrücken zukommt.

39. Beweise, dafs
$$sin\alpha\,cos(\beta-\gamma) - sin\beta\,cos(\alpha-\gamma) = sin(\alpha-\beta)\,cos\gamma.$$

40. Eliminiere α und β aus den Gleichungen
$$\frac{a}{b} = \cot\frac{\alpha}{2}; \quad \frac{c}{d} = \cot\frac{\beta}{2}; \quad \alpha + \beta = \frac{\pi}{2}.$$

41. Bestimme x und y aus den Gleichungen
$$x\cos\beta + y\cos\alpha = sin(\alpha+\beta),$$
$$cos\alpha\,cos\beta - xy = cos(\alpha+\beta).$$

42. Bestimme $tg(\alpha+\beta)$, wenn $tg\alpha$ und $tg\beta$ die Wurzeln der Gleichung
$$x^2 + ax + b = 0$$
sind.

43. Bestimme x, wenn $x^2 - \dfrac{2x}{\sin 2v} + 1 = 0$.

44. Wie lassen sich x und y durch α und β ausdrücken, wenn
$$x\,sin\alpha\,sin\gamma = y(cos\alpha + x\,sin\alpha),$$
$$x\,sin\beta\,sin\gamma = y(cos\beta - x\,sin\beta),$$
$$\alpha + \beta + \gamma = \pi?$$

45. Bestimme $tg(\alpha + \beta + \gamma)$, wenn $tg\,\alpha$, $tg\,\beta$ und $tg\,\gamma$ die Wurzeln der Gleichung

$$x^3 + ax^2 + bx + c = 0$$

sind.

46. Bestimme x aus

$$x^2 - ax\sin\varphi + a^2\cos\varphi\sin^2\tfrac{1}{2}\varphi = 0$$
$$\text{für } a = 25, \; \sin\tfrac{1}{2}\varphi = \tfrac{3}{5}.$$

47. Gegeben ist $tg\dfrac{a}{2} = \sqrt{\dfrac{1+c}{1-c}}\,tg\dfrac{\beta}{2}$; zeige, dafs

$$\cos\alpha = \frac{\cos\beta - c}{1 - c\cos\beta}.$$

48. Bestimme $tg\,\alpha$, wenn $tg\,\alpha = (2 + \sqrt{3})\,tg\dfrac{\alpha}{3}$.

49. Bestimme $tg\,\varphi$, wenn $\sin\varphi = \sin\alpha\sin(\alpha + \varphi) + \cos\alpha\cos(\alpha + \varphi)$.

§ 6. Berechnung und Einrichtung der Tafeln.
Logarithmische Ausdrücke.

19. Die trigonometrischen Funktionen der Winkel, deren Gradanzahl durch 3 teilbar ist, lassen sich mit so grofser Genauigkeit berechnen, wie man will.

Man sieht leicht an einer Figur, dafs der *sin* eines Winkels gleich der halben Sehne des doppelten Winkels ist, wenn man den Radius gleich 1 setzt. Da nun die Sehnen von 36°, 60° und 90° beziehungsweise

$$\frac{\sqrt{5}-1}{2}, \; 1 \text{ und } \sqrt{2}$$

sind, so folgt hieraus dafs

$$\sin 18° = \frac{\sqrt{5}-1}{4}; \; \sin 30° = \frac{1}{2}; \; \sin 45° = \frac{\sqrt{2}}{2}. \tag{43}$$

Hieraus werden nun wieder die übrigen Funktionen dieser Winkel berechnet, von denen zu merken sind:

$$\cos 18° = \tfrac{1}{4}\sqrt{10 + 2\sqrt{5}}; \quad \cos 30° = \sin 60° = \frac{\sqrt{3}}{2};$$

$$\operatorname{tg} 30° = \cot 60° = \sqrt{\tfrac{1}{3}};$$

$$\cot 30° = \operatorname{tg} 60° = \sqrt{3}; \quad \cos 60° = \tfrac{1}{2}; \quad \operatorname{tg} 45° = \cot 45° = 1.$$

Da $15° = 45° - 30°$, so erhält man mittels (35) und (33)

$$\sin 15° = \tfrac{1}{4}(\sqrt{6} - \sqrt{2});$$
$$\cos 15° = \tfrac{1}{4}(\sqrt{6} + \sqrt{2}),$$

und darauf

$$\sin 3° = \sin(18° - 15°)$$

$$= \frac{(\sqrt{3}+1)(\sqrt{5}-1) - (\sqrt{3}-1)\sqrt{10 + 2\sqrt{5}}}{8\sqrt{2}}.$$

Nun lassen sich die trigonometrischen Verhältnisse von 6°, 9° u. s. w. bestimmen, und da dieselben alle durch Quadratwurzeln ausgedrückt werden, so lassen sie sich mit soviel richtigen Decimalstellen angeben, wie gewünscht wird.

Die Formeln (43) lassen sich übrigens auch ohne Hülfe der Geometrie finden; man hat nämlich

$$\sin 45° = \cos 45° = \sqrt{1 - \sin^2 45°}, \text{ woraus } \sin 45° = \sqrt{\tfrac{1}{2}};$$

$$\cos 30° = \sin 60° = 2\sin 30° \cos 30° \text{ oder}$$

$$1 = 2\sin 30°; \quad \sin 30° = \tfrac{1}{2};$$

$$\cos 18° = \sin 72° = 2\sin 36° \cos 36° = 4\sin 18° \cos 18° \cos 36°$$

$$= 4\sin 18° \cos 18° (1 - 2\sin^2 18°).$$

Setzt man $\sin 18° = x$ und dividiert durch $\cos 18°$, so erhält man

$$8x^3 - 4x + 1 = 0;$$

$$(2x - 1)(4x^2 + 2x - 1) = 0,$$

woraus, mit Ausschliefsung fremder Wurzeln*),

$$x = \sin 18° = \frac{\sqrt{5}-1}{4}.$$

20. Die übrigen trigonometrischen Verhältnisse werden näherungsweise berechnet. Man hat, wenn man $\angle 2x$ so abträgt, wie die Figur zeigt, und die Tangenten AB und CB zieht,

$$AB + BC > \widehat{AC} > AC$$

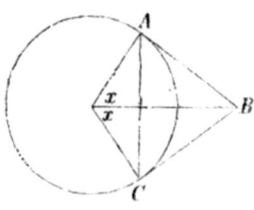

oder, wenn der Radius 1 ist,

$$2\,\mathrm{tg}\,x > 2x > 2\sin x,$$
$$\mathrm{tg}\,x > x > \sin x.$$

Im ersten Quadranten liegt x also zwischen $\sin x$ und $\mathrm{tg}\,x$; man erhält nun aus

$$x < \mathrm{tg}\,x,$$
$$< \frac{\sin x}{\cos x},$$
$$\sin x > x\cos x,$$
$$> x\left(1 - 2\sin^2\frac{x}{2}\right).$$

Setzt man hierin $\frac{x}{2}$ statt $\sin\frac{x}{2}$, so wird die rechte Seite kleiner, folglich

$$x > \sin x > x - \frac{x^3}{2},$$
$$1 > \frac{\sin x}{x} > 1 - \frac{x^2}{2}.$$

---

*) In Wirklichkeit löst man die Gleichung
$$\cos\varphi = \sin 4\varphi = \cos\left(\frac{\pi}{2} - 4\varphi\right),\ \text{woraus}\ \frac{\pi}{2} - 4\varphi = 2p\pi \pm \varphi:$$
hieraus ergiebt sich die Bedeutung der fremden Wurzeln.

Man sieht hieraus, dafs das Verhältnis $\frac{\sin x}{x}$ kleiner ist als 1, aber sich 1 nähert, wenn x abnimmt, und gleich 1 wird für $x = 0$. Wenn x klein ist, so begeht man nur einen sehr kleinen Fehler, wenn man

$$\sin x = x$$

setzt; denn man hat für den Fehler

$$f < \frac{x^3}{2},$$

indem dies der Unterschied zwischen den beiden Grenzen für $\sin x$ ist. Auf diese Weise berechnet man den $\sin$ für den kleinsten Winkel, welchen man in der Tafel haben will; ist dieser beispielsweise 1′, so wird x, welches den Winkel als unbenannte Zahl ausdrückt, gleich $\frac{\pi}{10800}$ oder 0,000 290 888 21. Hierin ist der Fehler kleiner als $\frac{0{,}0003^3}{2}$ oder 0,000 000 000 014.

Geht man von 1′ aus, so kann man nun alle trigonometrischen Verhältnisse von Minute zu Minute berechnen. Da die Fehler sich beständig häufen, so dienen die zu jedem dritten Grade genau berechneten Werte als Kontrole.

Diese Methode ist nur angeführt um die Möglichkeit der Berechnung der Tafeln zu zeigen; in Wirklichkeit hat man Methoden benutzt, die viel leichtere Rechnungen erfordert haben, die sich aber hier nicht darstellen lassen.

In den trigonometrischen Tafeln sind für Winkel mit einer gewissen bestimmten Differenz die entsprechenden trigonometrischen Verhältnisse (die natürlichen Tafeln) oder öfter die Logarithmen derselben an-

geführt (die künstlichen Tafeln). In den Tafeln von
August, Gauss, Greve, Schlömilch und Wittstein sind
die Logarithmen für jede Minute, in denen von Bremiker
für jedes Hundertel der Grade, auf 5 Decimalen, in
denen von Köhler, Schrön und Vega für jede 10te Se-
kunde auf 7 Decimalen berechnet. Da $log\ sec\ \alpha =$
$- log\ cos\ \alpha$ und $log\ cosec\ \alpha = - log\ sin\ \alpha$, so sind dieselben in die meisten Tafeln nicht aufgenommen. Zu
den negativen (resp. zu allen) Logarithmen ist 10 addiert,
so dafs man -10 zu ergänzen hat. Die Tafeln gehen
nur bis 45°, aber umfassen dadurch, zufolge der Sätze
über Komplementwinkel, alle Winkel bis 90°. Auf diese
werden die trigonometrischen Verhältnisse der übrigen
Winkel durch 13 reduciert. Interpolation läfst sich
wie gewöhnlich anwenden, da die Tafel zeigt, dafs die
Differenzen zwischen den Logarithmen annäherungsweise
den Differenzen zwischen den Winkeln proportional sind,
wenn diese einander nahe liegen. In den gröfseren
Tafeln sind die Logarithmendifferenzen, welche einer
Winkeldifferenz von 10″ entsprechen, durch 10 dividiert,
und die so erhaltene Differenz für 1″, multipliciert mit
1, 2, 3 .... 9, ist in einer besonderen Rubrik aufgeführt,
welche also zeigt, wieviel man zum Logarithmus zu
addieren hat, wenn zum Winkel 1″, 2″, 3″ .... 9″ addiert werden. Dies gilt für *sin* und *tg*, aber nur zum
Teil für *cos* und *cot*. Da diese nämlich (und also auch
ihre Logarithmen) abnehmen, wenn der Winkel wächst,
so hat man die gefundene Differenz zu subtrahieren
anstatt zu addieren. Das Verfahren beim Aufsuchen
des Winkels läfst sich hieraus leicht ableiten.

Da die Winkel in den Tafeln in Graden ausgedrückt
sind, so mufs man erst die Einheit verändern, wenn

die Winkel nicht in Graden u. s. w. sondern in reinen Zahlen gegeben sind.

Es versteht sich von selbst, dafs da, wo Logarithmen zur Berechnung eines gegebenen Ausdrucks benutzt werden, nur Rücksicht auf den numerischen Wert genommen wird. Die Vorzeichen haben nichts mit den Logarithmen zu thun, sondern müssen für sich betrachtet werden.

Beispiel. Die Einrichtung der Tafeln ist in manchen Einzelheiten verschieden, so dafs es unmöglich ist auf alle Tafeln Rücksicht zu nehmen. Hier ist auf die Tafeln von Schlömilch und Wittstein Bezug genommen.

a) $log\,sin\,31°42' = 9,72055$. Als Differenz für $1''$ ist $0,33$ angegeben. Für $12''$ hat man also $12.0,33$ oder 4 Einheiten der letzten Decimale zu addieren, mithin $log\,sin\,31°42'12'' = 9,72059$; $log\,sin\,31°42'31'' = 9,72065$ u. s. w.

$$log\,sin\,36°38'15'' = 9,77579;$$
$$log\,cos\,38°45'30'' = 9,89198.$$

Soll umgekehrt der Winkel gesucht werden, so nehme man aus der Tafel die Grade und Minuten, die zu dem nächst kleineren Logarithmus gehören; berechne aus dem Unterschiede zwischen diesem und dem gegebenen Logarithmus mittels der Differenz für $1''$ die Anzahl der Sekunden, und addiere diese bei *sin* und *tg*, subtrahiere sie bei *cos* und *cot*.

$$log\,sin\,\alpha = 9,74874.$$

Zu $9,74868$ gehört der Winkel $34°6'$; der Unterschied der beiden Logarithmen ist 6, die Differenz für $1''$ beträgt $0,32$; $6:0,32 = 19$ (abgekürzt), mithin

$$\alpha = 34°6'19''.$$
$$log\,cos\,\varphi = 9,93845.$$

Zu 9,93840 gehört der Winkel 29°48'; 5:0,12 = 42,
$$\varphi = 29°47'18''.$$

Man hat hier zu beachten, dafs der in den Tafeln gefundene Winkel von den möglichen Lösungen nur diejenige darstellt, welche kleiner als 90° ist.

b) $log\ sin\ 115°13'12'' = log\ cos\ 25°13'12'' = 9,95650,$
$log\ cot\ 571°11'10'' = log\ cot\ 31°11'10'' = 10,21803,$
bzw. 0,21803.

50. $(tg\ 36°12'15''.\ cot\ 20°)^{5} = 1,52078.$

51. $sin\ 25°13'12''.\ cos\ 35°12'15'' = 0,34817:$
$sin\ 25° + sin\ 20° = 0,76464.$

52. $(tg\ 37°15'13'')^{13} = 0,62242.$

53. $(tg\ 15°)^{cos\ 15°} = 0,280255.$

54. Zeige, dafs
$$cos\ 9° = \frac{\sqrt{3 + \sqrt{5}} + \sqrt{5 - \sqrt{5}}}{4}.$$

55. $sin\ \alpha + sin\ (72° - \alpha) - sin\ (72° - \alpha)$
$= sin\ (36° + \alpha) - sin\ (36° - \alpha).$

56. Zeige, dafs die Grenze für das Produkt
$$cos\ \frac{x}{2}\ cos\ \frac{x}{4}\ cos\ \frac{x}{8} \ldots cos\ \frac{x}{2^{n}}$$
gleich $\frac{sin\ x}{x}$ ist, wenn n ohne Grenze wächst.

57. Wem ist $sin\ 1,3 - cos\ 0,2708$ gleich?

58. Zeige, dafs $sin\ cos\ log\ 687,382 = -0,81572$ ist.

21. Wenn Logarithmen angewendet werden, so sind mehrgliedrige Ausdrücke soweit möglich in eingliedrige zu verwandeln (logarithmisch zu machen). Hier folgen die Formeln, welche am häufigsten benutzt werden.

Aus (32) und den folgenden erhält man durch Addition und Subtraktion:

$$sin\,(\alpha + \beta) + sin\,(\alpha - \beta) = 2\,sin\,\alpha\,cos\,\beta,$$
$$sin\,(\alpha + \beta) - sin\,(\alpha - \beta) = 2\,cos\,\alpha\,sin\,\beta,$$
$$cos\,(\alpha + \beta) + cos\,(\alpha - \beta) = 2\,cos\,\alpha\,cos\,\beta,$$
$$cos\,(\alpha + \beta) - cos\,(\alpha - \beta) = -2\,sin\,\alpha\,sin\,\beta.$$

Setzt man hierin $\alpha + \beta = p$, $\alpha - \beta = q$, also $\alpha = \frac{1}{2}(p+q)$, $\beta = \frac{1}{2}(p-q)$, so erhält man

$$\left.\begin{aligned}
sin\,p + sin\,q &= 2\,sin\,\tfrac{1}{2}\,(p+q)\,cos\,\tfrac{1}{2}\,(p-q),\\
sin\,p - sin\,q &= 2\,cos\,\tfrac{1}{2}\,(p+q)\,sin\,\tfrac{1}{2}\,(p-q),\\
cos\,p + cos\,q &= 2\,cos\,\tfrac{1}{2}\,(p+q)\,cos\,\tfrac{1}{2}\,(p-q),\\
cos\,p - cos\,q &= -2\,sin\,\tfrac{1}{2}\,(p+q)\,sin\,\tfrac{1}{2}\,(p-q).
\end{aligned}\right\} \quad (44)$$

Hierdurch lassen sich zwei *sin* oder *cos* addieren und subtrahieren. Hat man einen *sin* und einen *cos*, so kann man dieselben Formeln anwenden, wenn man einen der Winkel mit seinem Komplemente vertauscht.

Aus den Formeln (44) erhält man wiederum

$$\left.\begin{aligned}
\frac{sin\,p + sin\,q}{sin\,p - sin\,q} &= \frac{2sin\frac{1}{2}(p+q)\,cos\frac{1}{2}(p-q)}{2cos\frac{1}{2}(p+q)\,sin\frac{1}{2}(p-q)} = \frac{tg\frac{1}{2}(p+q)}{tg\frac{1}{2}(p-q)},\\
\frac{sin\,(p+q)}{sin\,p + sin\,q} &= \frac{2sin\frac{1}{2}(p+q)\,cos\frac{1}{2}(p+q)}{2sin\frac{1}{2}(p+q)\,cos\frac{1}{2}(p-q)} = \frac{cos\frac{1}{2}(p+q)}{cos\frac{1}{2}(p-q)},
\end{aligned}\right\} \quad (45)$$

Aus $cos\,\alpha = 1 - 2\,sin^2\dfrac{\alpha}{2} = 2\,cos^2\dfrac{\alpha}{2} - 1$ erhält man:

$$1 + cos\,\alpha = 2\,cos^2\dfrac{\alpha}{2}; \quad 1 - cos\,\alpha = 2\,sin^2\dfrac{\alpha}{2}. \quad (46)$$

Häufig wendet man auch

$$tg\,\alpha + tg\,\beta = \frac{sin\,(\alpha + \beta)}{cos\,\alpha\,cos\,\beta}$$

an, sowie andere von ähnlicher Form. (Vergl. 18, Beispiel 24 und 25.)

Mit Hülfe von (44) erhält man z. B.

$$sin\,18° + sin\,40° = 2\,sin\,29°\,cos\,11°;$$
$$sin\,30° + cos\,50° = sin\,30° + sin\,40° = 2\,sin\,35°\,cos\,5°;$$
$$sin\,\alpha + cos\,\alpha = sin\,\alpha + sin\,(90° - \alpha) = 2\,sin\,45°\,cos\,(45° - \alpha)$$
$$= \sqrt{2}\,cos\,(45° - \alpha).$$

Hierdurch erhält man wiederum

$$1 + \operatorname{tg} \alpha = \frac{\sin \alpha + \cos \alpha}{\cos \alpha} = \frac{\sqrt{2} \cos (45° - \alpha)}{\cos \alpha}$$

und

$$\frac{1 + \operatorname{tg} \alpha}{1 - \operatorname{tg} \alpha} = \frac{\cos \alpha + \sin \alpha}{\cos \alpha - \sin \alpha} = \operatorname{tg} (45° + \alpha). \quad |\text{Vergl. (42).}|$$

Andere Anwendungen sind:

$$\operatorname{tg} \alpha - \operatorname{tg} \beta = \frac{\sin (\alpha - \beta)}{\cos \alpha \cos \beta}; \quad \cot \alpha - \cot \beta = -\frac{\sin (\alpha - \beta)}{\sin \alpha \sin \beta};$$

$$\cos^4 \alpha - \sin^4 \alpha = (\cos^2 \alpha + \sin^2 \alpha)(\cos^2 \alpha - \sin^2 \alpha) = \cos 2\alpha.$$

$$\sqrt{\frac{1 + \sin \alpha}{1 - \sin \alpha}} = \operatorname{tg} \left(45 + \frac{\alpha}{2}\right); \quad \frac{\cos 9° + \sin 9°}{\cos 9° - \sin 9°} = \operatorname{tg} 54° :$$

$$\sqrt{\frac{1 + \sin 2\alpha}{2}} = \sin \left(\frac{\pi}{4} + \alpha\right);$$

$$\frac{\sec \alpha \cot \alpha - \operatorname{cosec} \alpha \operatorname{tg} \alpha}{\cos \alpha - \sin \alpha} = 2 \operatorname{cosec} 2\alpha :$$

$$\frac{(\operatorname{cosec} \alpha + \sec \alpha)^2}{\operatorname{cosec}^2 \alpha + \sec^2 \alpha} = 2 \cos^2 (45° - \alpha).$$

Übungsbeispiele:

59. $\dfrac{\operatorname{tg} 57°19'15'' - \cot 12°13'25''}{(\sqrt{3})^{0,57832}} = -2,225.$

60. $0,3^{-0,3} (1 + \cos 131°42'15'')^{\frac{1}{4}} = 0,9964.$

61. $a^{\sin x} + a^{-\sin x} = 2 \operatorname{cosec} v;$ Beispiel: $a = 9;$ $v = 36°52'12''.$

α, β und γ sind Winkel in einem Dreieck; zeige dafs

62. $\sin \alpha + \sin \beta + \sin \gamma = 4 \cos \dfrac{\alpha}{2} \cos \dfrac{\beta}{2} \cos \dfrac{\gamma}{2}.$

63. $\operatorname{tg} \alpha + \operatorname{tg} \beta + \operatorname{tg} \gamma = \operatorname{tg} \alpha \operatorname{tg} \beta \operatorname{tg} \gamma.$

64. $\cot \dfrac{\alpha}{2} + \cot \dfrac{\beta}{2} + \cot \dfrac{\gamma}{2} = \cot \dfrac{\alpha}{2} \cot \dfrac{\beta}{2} \cot \dfrac{\gamma}{2}.$

65. $\cos 2\alpha + \cos 2\beta + \cos 2\gamma + 4 \cos \alpha \cos \beta \cos \gamma + 1 = 0.$

66. $\sin^2 \alpha + \sin^2 \beta + \sin^2 \gamma - 2 \cos \alpha \cos \beta \cos \gamma = 2.$

§ 7. Trigonometrische Gleichungen.

22. Gleichungen, in denen die trigonometrischen Funktionen der Unbekannten vorkommen, sind transscendent und lassen sich im allgemeinen nur näherungsweise lösen: doch lassen dieselben sich bisweilen durch Einführung einer neuen Unbekannten in algebraische verwandeln und nach den für solche Gleichungen bekannten Methoden behandeln. Zu den erstgenannten gehören z. B. solche, in denen sowohl der Winkel wie dessen trigonometrische Funktionen vorkommen (z. B. $\sin x \cos x = x$), zu den letztgenannten solche, in denen nur trigonometrische Funktionen der Unbekannten vorkommen, welche durch algebraische Operationen verbunden sind: man kann nämlich die trigonometrischen Funktionen durch eine derselben ausdrücken, und wenn diese als Unbekannte betrachtet wird, so wird die Gleichung zu einer algebraischen. Eigentlich wird die gegebene Gleichung hierdurch nur in eine algebraische und eine transscendente zerlegt, da der Winkel bestimmt werden soll, wenn eine von seinen trigonometrischen Funktionen gefunden ist; für diese Bestimmung benutzt man dann die Tafeln. Das gewöhnlichste Verfahren soll hier an einigen Beispielen erläutert werden.

$$tg^2\, x + sec^2\, x = 3.$$

Man drückt $sec^2\, x$ durch $tg\, x$ aus und erhält

$$2\,tg^2\, x + 1 = 3, \text{ woraus } tg\, x = \pm 1,$$

folglich

$$x = p\pi \pm \frac{\pi}{4}.$$

In Gleichungen, welche homogen sind mit Beziehung auf sin und cos, bestimmt man tg. So findet man aus

$$sin^2\, x - 4\,sin x \cos x - 5\,cos^2\, x = 0$$

durch Division mit $cos^2 x$

$$tg^2 x - 4\, tg\, x - 5 = 0,$$

und hieraus $\qquad tg\, x = \begin{cases} 5, \\ -1. \end{cases}$

x zu bestimmen, wenn

$$sin\, x + cos\, x = \sqrt{2}.$$

Drückt man $cos\, x$ durch $sin\, x$ aus, so erhält man

$$sin\, x + \sqrt{1 - sin^2 x} = \sqrt{2}.$$

woraus

$$sin\, x = \frac{\sqrt{2}}{2}; \quad x = \begin{cases} 2p\pi + \dfrac{\pi}{4}, \\ 2p\pi + \dfrac{3\pi}{4}. \end{cases}$$

Weil das Wurzelzeichen fortgeschafft ist, so hat man zugleich die Wurzeln der Gleichung $sin\, x - cos\, x = \sqrt{2}$ erhalten; dieser Gleichung entspricht die untere Lösung, während nur die obere der gegebenen Gleichung entspricht.

Besser kombiniert man die gegebene Gleichung

$$sin\, x + cos\, x = \sqrt{2}$$

mit

$$sin^2 x + cos^2 x = 1,$$

indem man die erste Gleichung quadriert und darauf die zweite subtrahiert; dann erhält man

$$2\, sin\, x\, cos\, x = sin\, 2x = 1,$$

$$2x = 2p\pi + \frac{\pi}{2}; \quad x = p\pi + \frac{\pi}{4}.$$

Aber auch hier hat man durch das Quadrieren fremde Wurzeln eingeführt, nämlich diejenigen, welche der Gleichung $sin\, x + cos\, x = -\sqrt{2}$ angehören; da ein ungerades p sowohl sin wie cos negativ macht, während ein gerades p sie positiv macht, so verlangt die gegebene Gleichung ein gerades p wie oben.

Man hätte auch die gegebene Gleichung umformen können in

$$\sqrt{2} \cos\left(x - \frac{\pi}{4}\right) = \sqrt{2},$$

woraus

$$x - \frac{\pi}{4} = 2p\pi; \quad x = 2p\pi + \frac{\pi}{4};$$

hierdurch vermeidet man das Quadrieren und dadurch fremde Wurzeln.

Man sieht, wie sehr es auf eine passende Wahl des Winkels und der trigonometrischen Funktion ankommt, welche man suchen will; eine Gleichung, welche sehr verwickelt wird, wenn man z. B. $tg\,x$ sucht, kann vielleicht ganz einfach werden, wenn man $\sin 3x$ sucht u. s. w. So ist die Gleichung

$$\sin x \cos^3 x - \cos x \sin^3 x = \frac{1}{8}$$

ziemlich verwickelt, wenn man $\sin x$ oder $\cos x$ sucht, aber dieselbe wird sehr einfach, wenn man $\sin 4x$ sucht (vergl. Beispiel 28).

Die Formeln, welche bei der Auflösung trigonometrischer Gleichungen angewandt werden, können auch oft zur Lösung numerischer Gleichungen mit Hülfe der Tafeln dienen: setzt man z. B. in der Gleichung

$$4z^3 - 3z - a = 0$$

$z = \cos x$, so erhält man (Beisp. 27)

$$\cos 3x = a.$$

Ist $a > 1$ oder $a < -1$, so ist die Methode nicht anwendbar; im übrigen benutzt man die Tafel um $3x$ zu bestimmen, woraus sich dann wieder x und darauf $\cos x$ oder z ergiebt; findet man in der Tafel $3x = a$, so hat man zu beachten, dafs die vollständige Lösung

$$3x = 2p\pi \pm a; \quad z = \cos x = \cos\frac{2p\pi \pm a}{3}$$

ist, die indessen für alle Werte von p nur drei verschiedene Lösungen giebt, nämlich

$$cos\frac{\alpha}{3}, \quad cos\frac{2\pi+\alpha}{3} \quad \text{und} \quad cos\frac{4\pi+\alpha}{3};$$

dies stimmt damit, dafs eine Gleichung dritten Grades 3 Wurzeln hat.[*)]

67. Bestimme x aus den Gleichungen

$$sin 7x - sin x = sin 3x.$$
$$cos 3x + cos 2x + cos x = 0.$$
$$(1 - cos x)^3 = 2 sin^2 x. \quad sin 3x = 2 sin x.$$
$$(sin x + 2 cos x)^2 = 5 sin 2x. \quad tg 3x = n tg x.$$

68. Bestimme x und y aus

$$sin(x-y) = \frac{1}{10},$$
$$\frac{sin^2 x \cos^2 y + \cos^2 x \sin^2 y}{sin^2 x \cos^2 y - \cos^2 x \sin^2 y} = \frac{5}{3}.$$

69. Ebenso aus

$$x + y = 105°; \quad \frac{sin x}{sin y} = \frac{\sqrt{3}}{\sqrt{2}}.$$

§ 8. Bestimmung der Dreiecke.

23. Mit Hülfe der eingeführten neuen Funktionen lassen sich eine Menge von Aufgaben lösen, die in der Geometrie ungelöst bleiben mufsten. Dort wurde gelehrt, wie man im allgemeinen, wenn 3 von den 6 Bestimmungsstücken eines Dreiecks bekannt waren, die übrigen durch Konstruktion bestimmen kann; waren aber die gegebenen Stücke in Zahlen gegeben, so liefsen die übrigen sich nur in ganz einzelnen Fällen berechnen.

[*)] Einer beliebigen Gleichung dritten Grades
$$x^3 + Ax^2 + Bx + C = 0$$
kann mann die obenstehende Form geben, wenn man $x = az - \frac{1}{3}A$ setzt und α einen passenden Wert erteilt.

Das Folgende hat namentlich die Auflösung dieser Aufgaben zum Zweck.

Man bezeichnet die Winkel eines Dreiecks mit α, β und γ, und die denselben gegenüberliegenden Seiten mit a, b und c. Aus jeder Formel, welche für jedes Dreieck gilt, lassen sich dann neue analoge Formeln bilden, indem man zwei Buchstaben vertauscht (z. B. α mit β und gleichzeitig a mit b), da eine solche Vertauschung der Buchstaben an der Figur erlaubt ist. Auf dieselbe Weise lassen sich in einer Formel, welche für jedes rechtwinklige Dreieck gilt, die spitzen Winkel vertauschen, wenn man gleichzeitig die Katheten vertauscht.

Um in Übereinstimmung mit der Geometrie zu bleiben, sollen hier immer Seiten und Winkel positiv gerechnet werden. Das hat man wohl zu beachten, wenn man die Formeln, welche hier entwickelt werden, auf Figuren anwenden will, bei denen Linien und Winkel mit Vorzeichen genommen sind.

Obgleich die Formeln für das rechtwinklige Dreieck in den Formeln für das schiefwinklige Dreieck miteinbegriffen sind, so sollen dieselben doch für sich entwickelt werden.

Das rechtwinklige Dreieck.

24. Nach der Lage der gegebenen Stücke sind 5 Hauptfälle zu unterscheiden.

Gegeben sind:

1) Die Hypotenuse und eine Kathete (c und a).

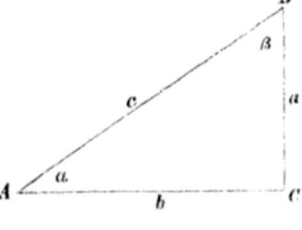

$$b = \sqrt{c^2 - a^2} = \sqrt{(c+a)(c-a)}; \quad sin\,\alpha = cos\,\beta = \frac{a}{c}.$$

2) Beide Katheten (a und b).

$$c = \sqrt{a^2 + b^2}; \quad tg\,\alpha = cot\,\beta = \frac{a}{b}.$$

3) Die Hypotenuse und ein spitzer Winkel (c und α).

$$\beta = 90° - \alpha; \quad a = c\,sin\,\alpha; \quad b = c\,cos\,\alpha.$$

4) Ein spitzer Winkel und die anliegende Kathete (α und b).

$$\beta = 90° - \alpha; \quad a = b\,tg\,\alpha; \quad c = \frac{b}{cos\,\alpha}.$$

5) Ein spitzer Winkel und die gegenüberliegende Kathete (α und a).

$$\beta = 90° - \alpha; \quad b = a\,cot\,\alpha; \quad c = \frac{a}{sin\,\alpha}.$$

Mit Hülfe dieser Formeln lassen sich im allgemeinen alle Stücke des Dreiecks mittels zweier derselben ausdrücken; dasselbe gilt dann auch von anderen Gröfsen, welche von den Seiten und Winkeln des Dreiecks abhängig sind, wie Inhalt, Umfang, Radius des ein- und umbeschriebenen Kreises u. s. w. Ein rechtwinkliges Dreieck läfst sich deshalb im allgemeinen bestimmen, sobald zwei Relationen zwischen den betreffenden Gröfsen gegeben sind; denn man erhält zwei Gleichungen mit zwei Unbekannten, wenn man alle in den Relationen vorkommenden Gröfsen durch zwei Stücke des Dreiecks ausdrückt. Sobald nur Winkel und Verhältnisse gegeben sind, kann man auch nur Winkel und Verhältnisse finden (da man nicht zu benannten Zahlen gelangen kann, wenn man mit unbenannten rechnet). Eine Relation zwischen diesen dient zur Bestimmung der Winkel des Dreiecks. Bei solchen Aufgaben kann man eine von den Linien der Figur als bekannt betrachten; wenn man Alles durch diese und einen Winkel ausdrückt, so erhält man eine Gleichung, welche mit Beziehung auf die Linie homogen ist, so daſs man diese durch Division fortschaffen und darauf den Winkel bestimmen kann.

70. Betrachte zwei Stücke als bekannt und berechne die übrigen aus

$a = 168$; $b = 425$; $c = 457$; $\alpha = 21°34'7''$.
$a = 3,36$; $b = 3,77$; $c = 5,05$; $\beta = 48°17'28''$.

71. Berechne die Stücke, wenn ein Winkel $61°55'39''$ und der Umfang $40\,m$ beträgt.

72. Berechne die Stücke, wenn ein Winkel $4°14'32''$ und der Inhalt $4914\,qm$ beträgt.

73. Bestimme die Stücke eines schiefwinkligen Dreiecks aus den Winkeln und einer Höhe; Beisp. $\alpha = 20°36'35''$, $\beta = 39°57'58''$, $h_c = 88$.

74. Von einem schiefwinkligen Dreieck sind α, β und c gegeben; bestimme den Radius des einbeschriebenen Kreises.

75. In einem rechtwinkligen Dreieck soll
$$tg\,2\,\alpha - sec\,2\,\beta$$
ausgedrückt werden durch a und b.

76. In einem rechtwinkligen Dreieck ist $7\,c = 5\,(a + b)$: bestimme die Winkel.

77. In einem gleichschenkligen Dreieck ist die Höhe n mal so groſs wie der Radius des einbeschriebenen Kreises; wie berechnet man die Winkel? Beisp. $n = 4,13$.

78. In einem Rechteck $ABCD$ verhalten sich die Seiten wie $5:7$. Bestimme die Winkel desjenigen Parallelogramms, welches entsteht, wenn man A mit der Mitte von BC, B mit der Mitte von CD u. s. w. verbindet.

79. Auf einem Hügel steht ein Thurm, dessen Höhe 30 m beträgt. Ein Schiff wird von der Spitze und vom Fufse des Thurmes aus gesehen, so dafs die Gesichtslinien Winkel von beziehungsweise 2°5′ und 2° mit der Horizontalen bilden. Berechne die Höhe des Hügels und die Entfernung des Schiffes.

80. Zeige, dafs der Radius des um ein Dreieck beschriebenen Kreises sich durch $\dfrac{a}{2\,\sin a}$ ausdrücken läfst.

Das schiefwinklige Dreieck.

25. Von den verschiedenen Relationen zwischen den Stücken eines Dreiecks werden diejenigen Hauptrelationen genannt, welche möglichst wenig Stücke enthalten. Eine solche Relation mufs im allgemeinen vier Stücke enthalten, und man kann dann mittels derselben eins von diesen Stücken bestimmen, sobald die drei übrigen gegeben sind. Eine Gleichung zwischen drei Stücken wird nur möglich sein, wenn zwei von diesen das dritte bestimmen, also nur zwischen den drei Winkeln. Eine Relation zwischen fünf Stücken kann auch vorkommen, aber dann mufs noch eine von dieser unabhängige Relation zwischen denselben fünf Stücken gegeben sein, damit man zwei derselben als Unbekannte durch die drei übrigen finden kann. Aus einer Relation werden andere derselben Art durch Vertauschung der Buchstaben abgeleitet.

Die Hauptrelationen finden statt zwischen

3 Seiten und 1 Winkel (A),

2 Seiten und 2 gegenüberliegenden Winkeln (B),

2 Seiten, 1 anliegenden und 1 gegenüberliegenden Winkel (C),

3 Winkeln (D).

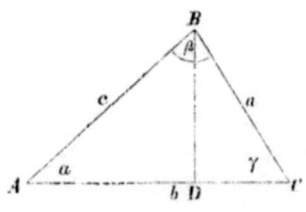

Zieht man $BD \perp AC$, so hat man für alle Dreiecke

$$BD = a \sin\gamma = c \sin\alpha \quad (a)$$

und, da

$$AC = AD + DC,$$

$$b = a \cos\gamma + c \cos\alpha. \quad (b)$$

Ist einer der Winkel α oder γ stumpf, so fällt die Höhe aufserhalb des Dreiecks, aber Formel (b) behält ihre Gültigkeit, weil der cos dann negativ wird; (b) ist eine Relation zwischen fünf Stücken und hat zwei andere analoge, nämlich

$$c = a \cos\beta + b \cos\alpha,$$

$$a = b \cos\gamma + c \cos\beta;$$

(b) läfst sich auch schreiben

$$a \cos\gamma = b - c \cos\alpha. \quad (c)$$

Quadriert man (a) und (c) und addiert, so erhält man, da $\sin^2\varphi + \cos^2\varphi = 1$,

$$a^2 = b^2 + c^2 - 2bc \cos\alpha, \quad (A)$$

und diese mit den analogen

$$b^2 = a^2 + c^2 - 2ac \cos\beta,$$

$$c^2 = a^2 + b^2 - 2ab \cos\gamma$$

stellt die Relationen der ersten Art dar.

Dasselbe erhält man aus der Figur, denn

$$a^2 = BD^2 + DC^2 \text{ und } BD = c \sin\alpha; \ DC = b - c \cos\alpha.$$

Die drei gefundenen Gleichungen sind unabhängig von einander und enthalten die sechs Stücke des Dreiecks. Dieselben können also zur Bestimmung von dreien dienen, wenn die drei übrigen gegeben sind; doch zieht man vor hierfür andere mehr geeignete Relationen abzuleiten.

(a) mit den analogen läfst sich schreiben

$$\frac{a}{\sin \alpha} = \frac{b}{\sin \beta} = \frac{c}{\sin \gamma} : \qquad (B)$$

dies sind die Relationen der zweiten Art, von denen indessen die eine aus den beiden anderen hervorgeht.

Die Relation der dritten Art erhält man, wenn man (a) durch (c) dividiert:

$$tg \gamma = \frac{c \sin \alpha}{b - c \cos \alpha}. \qquad (C)$$

Durch Vertauschung von α und a mit β und b erhält man

$$tg \gamma = \frac{c \sin \beta}{a - c \cos \beta}.$$

Für $tg \alpha$ und $tg \beta$ erhält man vier analoge Ausdrücke.

Dasselbe erhält man aus der Figur, denn

$$tg \gamma = \frac{BD}{DC}.$$

Es liegt in der Natur der Sache, dafs eine Relation zwischen einer Seite und den drei Winkeln unmöglich ist, da man aus einer solchen die Seite müfste bestimmen können, wenn die drei Winkel gegeben wären. Sucht man eine solche dadurch zu bilden, dafs man aus drei Gleichungen zwei von den Seiten eliminiert, so wird die dritte Seite von selbst verschwinden, und man gelangt zu einer Relation vierter Art zwischen den drei Winkeln. Am einfachsten geschieht dies durch Benutzung von (b) und den analogen:

$$a = b \cos \gamma + c \cos \beta,$$
$$b = a \cos \gamma + c \cos \alpha,$$
$$c = a \cos \beta + b \cos \alpha.$$

Die Elimination von a, b und c ergiebt

$$\begin{vmatrix} -1 & \cos\gamma & \cos\beta \\ \cos\gamma & -1 & \cos\alpha \\ \cos\beta & \cos\alpha & -1 \end{vmatrix} = 0$$

oder

$$1 = \cos^2\alpha + \cos^2\beta + \cos^2\gamma + 2\cos\alpha\cos\beta\cos\gamma. \quad (D)$$

Diese Gleichung läfst sich aus der Gleichung $\alpha + \beta + \gamma = 2R$ ableiten, denn im entgegengesetzten Falle würde ein Winkel eines Dreiecks die beiden anderen bestimmen. Doch ist sie allgemeiner, was am leichtesten deutlich wird, wenn man sie z. B. mit Beziehung auf $\cos\alpha$ löfst.

Alle gefundenen Gleichungen sind homogen mit Beziehung auf die Seiten und verändern sich nicht, wenn man statt a, b und c die Werte ma, mb und mc einsetzt. So zeigen die Formeln (A), dafs Dreiecke gleiche Winkel haben, wenn ihre Seiten proportional sind, die Formeln (C), dafs sie gleiche Winkel haben, wenn in ihnen ein Winkel gleich und die denselben einschliefsenden Seiten proportional sind.

Aus den gefundenen Relationen leitet man Formeln zur Auflösung der Dreiecke ab.

Erster Fall.

Gegeben a, b, c. Gesucht α, β, γ.

Aus (A) erhält man unmittelbar

$$\left. \begin{aligned} \cos\alpha &= \frac{b^2 + c^2 - a^2}{2bc}; \\ \cos\beta &= \frac{a^2 + c^2 - b^2}{2ac}; \quad \cos\gamma = \frac{a^2 + b^2 - c^2}{2ab} \end{aligned} \right\} \cdot (46)$$

Die erste Formel (46) zeigt, dafs, je nachdem $b^2 + c^2 \lessgtr a^2$, auch $\cos\alpha \lessgtr 0$, folglich $\alpha \gtrless R$, wie aus der Geometrie bekannt ist. Diese Formeln lassen sich anwenden, wenn a, b und c kleine und einfache Zahlen sind; ist das nicht der Fall, so müssen sie durch andere Formeln ersetzt werden, welche für logarithmische Rechnung bequem sind. Solche erhält man, wenn man α durch seinen sin, oder $\frac{\alpha}{2}$ durch sin, cos oder tg bestimmt.

Man hat nämlich

$$cos\frac{\alpha}{2} = \sqrt{\frac{1 + cos\,\alpha}{2}} = \sqrt{\frac{1 + \frac{b^2 + c^2 - a^2}{2bc}}{2}}$$

$$= \sqrt{\frac{(b+c)^2 - a^2}{4bc}} = \sqrt{\frac{(b+c+a)(b+c-a)}{4bc}}.$$

Bezeichnet man den halben Umfang mit s, also
$$a+b+c = 2s;\ a+b-c = 2(s-c);\ a-b+c = 2(s-b);$$
$$-a+b+c = 2(s-a),$$
so erhält man

$$cos\frac{\alpha}{2} = \sqrt{\frac{s(s-a)}{bc}}, \qquad (47)$$

und auf ähnliche Weise

$$sin\frac{\alpha}{2} = \sqrt{\frac{1 - cos\,\alpha}{2}} = \sqrt{\frac{1 - \frac{b^2 + c^2 - a^2}{2bc}}{2}}$$

$$= \sqrt{\frac{a^2 - (b-c)^2}{4bc}} = \sqrt{\frac{(a+b-c)(a-b+c)}{4bc}};$$

$$sin\frac{\alpha}{2} = \sqrt{\frac{(s-b)(s-c)}{bc}}. \qquad (48)$$

Hieraus erhält man wiederum

$$tg\frac{\alpha}{2} = \frac{sin\frac{\alpha}{2}}{cos\frac{\alpha}{2}} = \sqrt{\frac{(s-b)(s-c)}{s(s-a)}}, \qquad (49)$$

$$sin\,\alpha = 2\,sin\frac{\alpha}{2}\,cos\frac{\alpha}{2} = \frac{2}{bc}\sqrt{s(s-a)(s-b)(s-c)} = aM, \quad (50)$$

worin

$$M = \frac{2}{abc} \sqrt{s\,(s-a)\,(s-b)\,(s-c)}. \qquad (51)$$

Da der Ausdruck M symmetrisch ist und also durch Vertauschung der Seiten nicht verändert wird, so erhält man gleichfalls

$$\sin\beta = bM; \quad \sin\gamma = cM.$$

Der für $\cos\alpha$ gefundene Ausdruck ist immer reell: die Auflösung ist möglich, wenn der Wert desselben zwischen $+1$ und -1 fällt; man muſs also haben

$$1 > \frac{b^2 + c^2 - a^2}{2bc}, \text{ woraus } a > b - c \text{ oder } a > c - b,$$

je nachdem b oder c die gröſsere Seite ist, und

$$-1 < \frac{b^2 + c^2 - a^2}{2bc}, \text{ woraus } b + c > a.$$

Die analogen Bedingungen dafür, daſs $\cos\beta$ und $\cos\gamma$ zwischen die Grenzen $+1$ und -1 fallen, sind dieselben wie diese, nur auf eine etwas andere Art geschrieben. Die Formeln (40) für $\cos\frac{\alpha}{2}$ und $\sin\frac{\alpha}{2}$ zeigen, daſs wenn $\cos\alpha \begin{smallmatrix} < -1 \\ > +1 \end{smallmatrix}$ ist, $\cos\frac{\alpha}{2} \begin{smallmatrix} \text{imaginär} \\ > 1 \end{smallmatrix}$, $\sin\frac{\alpha}{2} \begin{smallmatrix} > 1 \\ \text{imaginär} \end{smallmatrix}$, folglich $tg\frac{\alpha}{2}$ und $\sin\alpha$ imaginär werden. Berechnet man die Winkel mittels ihres $\sin$, so erhält man zwei Auflösungen (Supplementwinkel), und das Vorzeichen des $\cos$ muſs dann entscheiden, welches die richtige ist. Sucht man alle drei Winkel, so benutzt man am bequemsten $tg\frac{\alpha}{2}$. Als Probe für die Richtigkeit der Rechnung dient dann die Summe der drei Winkel, die (sehr nahe) $180°$ betragen muſs.

Beisp.

$$s = 45 \qquad log\ s = 1{,}65321$$

$a = 37$

$b = 13$ also

$c = 40$

$$s - a = 8 \qquad log\ (s - a) = 0{,}90309$$
$$s - b = 32 \qquad log\ (s - b) = 1{,}50515$$
$$s - c = 5 \qquad log\ (s - c) = 0{,}69897$$

$$log\ tg\ \frac{a}{2} = 9{,}82391; \quad log\ tg\ \frac{\beta}{2} = 9{,}22185;$$

$$log\ tg\ \frac{\gamma}{2} = 10{,}02803;$$

$$a = 67°22'49''; \quad \beta = 18°55'29''; \quad \gamma = 93°41'42''.$$

81. Bestimme den gröfsten Winkel eines Dreiecks mit den Seiten $a^2 + a + 1$, $2a + 1$ und $a^2 - 1$.

82. Bestimme die Winkel eines Dreiecks, dessen Höhen sich wie $5 : 6 : 7$ verhalten.

Zweiter Fall.

Gegeben a, b, γ. Gesucht α, β, c.

Man hat sofort:

$$tg\ \alpha = \frac{a\ sin\ \gamma}{b - a\ cos\ \gamma}; \quad tg\ \beta = \frac{b\ sin\ \gamma}{a - b\ cos\ \gamma} \ . \ . \ . \ . \ (52)$$

$$c^2 = a^2 + b^2 - 2ab\ cos\ \gamma. \qquad (53)$$

Diese Formeln eignen sich nicht für den Gebrauch der Logarithmen. Soll c allein bestimmt werden, so kann man folgendermafsen verfahren:

$$c^2 = (a+b)^2 - 2ab\ (1 + cos\ \gamma) = (a+b)^2 - 4ab\ cos^2\ \frac{\gamma}{2}$$

$$= (a + b)^2 \left(1 - \frac{4ab\ cos^2\ \frac{\gamma}{2}}{(a + b)^2}\right), \text{ oder}$$

$$c^2 = (a-b)^2 + 2ab\ (1 - cos\ \gamma) = (a-b)^2 + 4ab\ sin^2\ \frac{\gamma}{2}$$

$$= (a - b)^2 \left(1 + \frac{4ab\ sin^2\ \frac{\gamma}{2}}{(a - b)^2}\right).$$

Setzt man nun beziehungsweise

$$\frac{2\sqrt{ab}\cos\frac{\gamma}{2}}{a+b} = \sin\theta; \quad \frac{2\sqrt{ab}\sin\frac{\gamma}{2}}{a-b} = tg\,\theta_1, \quad (54)$$

so erhält man

$$c = (a+b)\cos\theta \text{ oder } c = (a-b)\sec\theta_1. \quad (55)$$

Nachdem man θ oder θ_1 aus einer der Gleichungen (54) bestimmt hat, erhält man c aus der entsprechenden Gleichung (55). $\sin\theta$ wird immer <1, da stets $a+b$ $>2\sqrt{ab}$*). Die Formel ist eigentlich nicht logarithmisch gemacht, da man θ suchen mufs, aber der Ausdruck verlangt ein weniger zahlreiches Aufschlagen der Tafel als der ursprüngliche und ist oft in den Zwischenrechnungen bequemer.

Sucht man sowohl c wie α und β, so verfährt man folgendermafsen: Man erhält aus (B)

oder

$$\left.\begin{aligned}
\frac{c}{a+b} &= \frac{\sin\gamma}{\sin\alpha+\sin\beta} = \frac{\sin(\alpha+\beta)}{\sin\alpha+\sin\beta} \\
&= \frac{\cos\frac{1}{2}(\alpha+\beta)}{\cos\frac{1}{2}(\alpha-\beta)} = \frac{\sin\frac{1}{2}\gamma}{\cos\frac{1}{2}(\alpha-\beta)}, \\
\frac{c}{a-b} &= \frac{\sin\gamma}{\sin\alpha-\sin\beta} = \frac{\sin(\alpha+\beta)}{\sin\alpha-\sin\beta} \\
&= \frac{\sin\frac{1}{2}(\alpha+\beta)}{\sin\frac{1}{2}(\alpha-\beta)} = \frac{\cos\frac{1}{2}\gamma}{\sin\frac{1}{2}(\alpha-\beta)},
\end{aligned}\right\} \quad (56)$$

also

$$\left.\begin{aligned}
c\cos\tfrac{1}{2}(\alpha-\beta) &= (a+b)\sin\tfrac{1}{2}\gamma \\
c\sin\tfrac{1}{2}(\alpha-\beta) &= (a-b)\cos\tfrac{1}{2}\gamma,
\end{aligned}\right\} \quad (57)$$

und hieraus durch Division

$$tg\,\tfrac{1}{2}(\alpha-\beta) = \frac{a-b}{a+b}\cot\tfrac{1}{2}\gamma.$$

---

*) Man hat nämlich immer, wenn a und b ungleich sind, $(a-b)^2$ >0, oder, wenn man beiderseits $4ab$ addiert, $(a+b)^2 > 4ab$, woraus $a+b>2\sqrt{ab}$.

Mittels dieser Formel findet man $\frac{1}{2}(\alpha-\beta)$; ferner hat man $\frac{1}{2}(\alpha+\beta) = 90 - \frac{1}{2}\gamma$. Durch Addition dieser Winkel erhält man α, durch Subtraktion β. c bestimmt man, wenn $\frac{1}{2}(\alpha-\beta)$ gefunden ist, durch eine der Formeln (57). Am besten verfährt man, wie das folgende Beispiel zeigt.

$$a = 37; \quad b = 13; \quad \gamma = 93°41'42''.$$

$$log\, c + log\, sin\tfrac{1}{2}(\alpha-\beta) = 1{,}21523,$$

$$log\, c + log\, cos\tfrac{1}{2}(\alpha-\beta) = 1{,}56201,$$

woraus durch Subtraktion

$$log\, tg\tfrac{1}{2}(\alpha-\beta) = 9{,}65322,$$

$$\tfrac{1}{2}(\alpha-\beta) = 24°13'40'' \left. \right\} \; \alpha = 67°22'49'';$$

$$\tfrac{1}{2}(\alpha+\beta) = 43°\; 9'\; 9'' \left. \right\} \; \beta = 18°55'29''.$$

$log\, sin\tfrac{1}{2}(\alpha-\beta) = 9{,}61317$, $\;log\, cos\tfrac{1}{2}(\alpha-\beta) = 9{,}95996$, worauf die beiden ersten Gleichungen geben

$$log\, c = 1{,}60206(5); \quad c = 40.$$

In der zweimaligen Bestimmung von $log\, c$ hat man eine Kontrole für die Richtigkeit der Rechnung; der kleine Unterschied, der sich bei obigem Beispiel ergiebt, rührt von der Tafel her.

Sucht man nur c, so hat man

$$sin\, \theta = \frac{2\sqrt{13\cdot 37}}{50}\, cos\, 46°50'51'',$$

$$log\, sin\, \theta = 9{,}77815; \quad \theta = 36°52'11'';$$

$$log\, c = log\,(a+b) + log\, cos\, \theta = 1{,}60206.$$

83. In einem Dreieck beträgt der eine Winkel 55°, und die denselben einschliefsenden Seiten sind ebenso grofs wie die Katheten eines rechtwinkligen Dreiecks, in dem der eine spitze Winkel 40° ist. Man suche die übrigen Winkel.

84. Von einem Schiffe aus wurde ein anderes, welches demselben parallel segelte, unter einer Abweichung

von Nord von α° gesehen; nach einer Stunde betrug die Abweichung β° und nach einer ferneren Stunde γ°. In welcher Richtung segelten die Schiffe? Es wird angenommen, daſs beide Schiffe gleichförmige Geschwindigkeit besitzen.

Dritter Fall.

Gegeben a, b, α. Gesucht β, γ, c.

Man hat

$$sin\,\beta = \frac{b\,sin\,\alpha}{a};\qquad (59)$$

$$c = b\,cos\,\alpha + a\,cos\,\beta = b\,cos\,\alpha \pm \sqrt{a^2 - b^2\,sin^2\,\alpha},\quad (60)$$

wenn man $cos\,\beta$ durch den gefundenen $sin\,\beta$ ausdrückt. Ferner

$$sin\,\gamma = \frac{c\,sin\,\alpha}{a} = \frac{sin\,\alpha}{a}\,(b\,cos\,\alpha \pm \sqrt{a^2 - b^2\,sin^2\,\alpha}).\quad (61)$$

Für $b\,sin\,\alpha > a$ wird $sin\,\beta > 1$ und die übrigen Ausdrücke komplex, also giebt es in diesem Falle keine Lösung.

Ist $b\,sin\,\alpha = a$, so ist das Dreieck, wenn α spitz ist, rechtwinklig, denn man erhält $sin\,\beta = 1$; $c = b\,cos\,\alpha$.

Ist $b\,sin\,\alpha < a$, so erhält β, da derselbe durch seinen sin bestimmt wird, zwei Werte (Supplementwinkel); diesen entsprechen zwei Werte für c; da die Wurzelgröſse für $a\,cos\,\beta$ eingesetzt ist und also dasselbe Vorzeichen wie $cos\,\beta$ hat, so ist dieselbe positiv zu nehmen, wenn β spitz, negativ wenn β stumpf ist. Der letztere Fall kann einen negativen Wert für c ergeben, der zu verwerfen ist. Folgende Fälle können eintreten:

1) Ist α spitz, so ist $b\,cos\,\alpha$ positiv und beide Lösungen sind brauchbar, sofern

$$b\,cos\,\alpha > \sqrt{a^2 - b^2\,sin^2\,\alpha},$$

woraus $b^2\,(cos^2\,\alpha + sin^2\,\alpha) > a^2$ oder $b > a$.

Die Aufgabe hat also zwei Auflösungen, wenn die a gegenüberliegende Seite kleiner, aber nur eine, wenn sie gröfser ist als die anliegende Seite. Für $b = a$ wird der eine Wert von c Null.

2) Ist a stumpf oder recht, so kann man die Wurzelgröfse nicht negativ nehmen; also eine Lösung für $a > b$, keine für $a < b$.

Diese verschiedenen Fälle lassen sich leicht an einer Figur zur Anschauung bringen.

Da die gefundenen Formeln mit Ausnahme von (59) unbequem sind, so benutzt man in der Praxis am besten den Winkel β zur Bestimmung der übrigen Stücke.

Beisp. 1.

$$a = 533; \quad b = 317; \quad a = 103°41'8''.$$

$$sin\,\beta = \frac{b\,sin\,a}{a}; \quad log\,sin\,\beta = 9,76182; \quad \beta = 35°18';$$

$$\gamma = 180° - (a + \beta) = 41°0'52'';$$

$$c = \frac{b\,sin\,\gamma}{sin\,\beta} = \frac{a\,sin\,\gamma}{sin\,a} = 360.$$

Beisp. 2.

$$a = 67,46; \quad b = 811,4; \quad a = 6°11'20''.$$

Man hat $a < b\,sin\,a$, also keine Lösung.

Beisp. 3.

$$a = 20; \quad b = 30; \quad a = 30°.$$

$$log\,sin\,\beta = 9,87506; \quad \beta = \begin{cases} 48°35'25'' \\ 131°24'35''. \end{cases}$$

Da $a < b$, so sind beide Werte brauchbar; man erhält

$$\gamma = 180° - (a + \beta) = \begin{cases} 101°24'35'' \\ 18°35'25'' \end{cases}$$

und für c zwei Werte, bestimmt durch

$$c = \frac{20\,sin\,101°24'35''}{sin\,30°} \quad \text{und} \quad c = \frac{20\,sin\,18°35'25''}{sin\,30°},$$

$$\text{mithin } c = \begin{cases} 39,21 \\ 12,75. \end{cases}$$

Vierter Fall.

Gegeben α, β, c. Gesucht a, b, γ.

$$\gamma = 180° - (\alpha+\beta); \quad a = \frac{c \sin \alpha}{\sin (\alpha+\beta)}; \quad b = \frac{c \sin \beta}{\sin (\alpha+\beta)}.$$

Fünfter Fall.

Gegeben α, β, a. Gesucht b, c, γ.

$$\gamma = 180° - (\alpha+\beta); \quad b = \frac{a \sin \beta}{\sin \alpha}; \quad c = \frac{a \sin (\alpha+\beta)}{\sin \alpha}.$$

85. Ein Schiff befindet sich nördlich von einem Hafen
in der Entfernung a. Der Wind ist südlich mit
einer Abweichung von $\alpha°$, und das Schiff kann
gegen den Wind segeln mit einer Abweichung von
$\beta° (\beta > \alpha)$. Wie lang ist der Weg, den das Schiff
zurücklegen mufs, um in den Hafen zu kommen?

Fernere Bestimmung des Dreiecks.

26. Man hat für den Flächeninhalt

$$F = \tfrac{1}{2} ab \sin\gamma, \tag{62}$$

wo a die Grundlinie, $b \sin \gamma$ die Höhe ist.

Der Flächeninhalt wird also gemessen durch das
halbe Produkt aus zwei Seiten und dem *sin* des ein-
geschlossenen Winkels.

Setzt man $\sin \gamma = cM$, so erhält man den Inhalt
ausgedrückt durch die drei Seiten:

$$F = \tfrac{1}{2} abcM = \sqrt{s(s-a)(s-b)(s-c)}. \tag{63}$$

Setzt man in (62) $b = \dfrac{a \sin \beta}{\sin \alpha}$, so erhält man den
Flächeninhalt ausgedrückt durch die Winkel und eine
Seite, nämlich

$$F = \tfrac{1}{2} a^2 \frac{\sin \beta \sin \gamma}{\sin \alpha}. \tag{64}$$

F wird ausgedrückt durch a, b und α, wenn man in (62) den aus (61) entnommenen Wert von $\sin\gamma$ einsetzt, aber der erhaltene Ausdruck ist unbequem.

Zieht man Linien vom Mittelpunkt des einbeschriebenen Kreises bis an die Eckpunkte, so wird das Dreieck in drei andere geteilt, welche sämtlich den Radius ρ des einbeschriebenen Kreises zur Höhe haben und deren Grundlinien beziehungsweise a, b und c sind. Man hat also

$$F = \tfrac{1}{2}\rho a + \tfrac{1}{2}\rho b + \tfrac{1}{2}\rho c = \rho s, \tag{65}$$

und folglich

$$\rho = \frac{F}{s} = \sqrt{\frac{(s-a)(s-b)(s-c)}{s}}. \tag{66}$$

Auf dieselbe Weise findet man für die Radien der äußeren Berührungskreise

$$\rho_a = \frac{F}{s-a}; \quad \rho_b = \frac{F}{s-b}; \quad \rho_c = \frac{F}{s-c},$$

worin der Index diejenige Seite angiebt, deren Berührungspunkt zwischen ihren Endpunkten liegt. Aus diesen Formeln und (63) ergiebt sich wieder

$$\rho\,\rho_a\rho_b\rho_c = F^2.$$

Ferner ergiebt sich aus der Figur oder aus (49) und (64):

$$\operatorname{tg}\frac{\alpha}{2} = \frac{\rho}{s-a}; \quad \operatorname{tg}\frac{\beta}{2} = \frac{\rho}{s-b}; \quad \operatorname{tg}\frac{\gamma}{2} = \frac{\rho}{s-c}.$$

Setzt man in (66) $F = \rho s$, so erhält man, da

$$s = \tfrac{1}{2}(a+b+c) = \tfrac{1}{2}\left(a + \frac{a\sin\beta}{\sin\alpha} + \frac{a\sin\gamma}{\sin\alpha}\right)$$

$$= \frac{a}{2} \cdot \frac{\sin\alpha + \sin\beta + \sin\gamma}{\sin\alpha}, \quad \rho = a\frac{\sin\beta\sin\gamma}{\sin\alpha + \sin\beta + \sin\gamma},$$

worin der Divisor (vergl. unten Beisp. 1) sich umformen läßt in

$$4\cos\frac{\alpha}{2}\cos\frac{\beta}{2}\cos\frac{\gamma}{2},$$

folglich, wenn man im Dividenden $\frac{\beta}{2}$ und $\frac{\gamma}{2}$ einführt und verkürzt,

$$\rho = a \frac{\sin \frac{1}{2}\beta \sin \frac{1}{2}\gamma}{\cos \frac{1}{2}\alpha}. \tag{67}$$

Dieselbe Formel erhält man leicht aus einer Figur; man hat nämlich, wenn man die Linie vom Kreismittelpunkt bis B mit l bezeichnet,

$$\rho = l \sin\frac{\beta}{2}; \quad l : a = \sin\tfrac{1}{2}\gamma : \sin[180° - \tfrac{1}{2}(\beta+\gamma)];$$

hieraus ergiebt sich $l = \dfrac{a \sin \frac{1}{2}\gamma}{\cos \frac{1}{2}\alpha}$, welcher Wert in den Ausdruck für ρ eingesetzt wird.

Ähnliche Ausdrücke ergeben sich für ρ_a, ρ_b und ρ_c.

Die Ausdrücke für ρ aus a, b und γ, sowie aus a, b und α werden nicht bequem für die Rechnung mit Logarithmen.

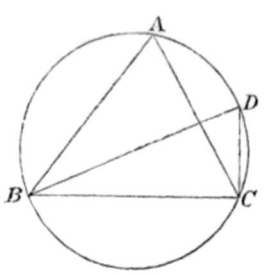

Beschreibt man um das Dreieck ABC einen Kreis und zieht den Durchmesser BD, so erhält man, wenn man den Radius mit r bezeichnet, aus dem rechtwinkligen Dreieck BDC

$$a = 2r \sin D,$$

oder, da $\angle D = \alpha$,

$$a = 2r \sin \alpha. \tag{68}$$

Zwei von den in dieser Formel enthaltenen Stücken bestimmen also das dritte, wie auch die Konstruktion zeigt. Setzt man $\sin \alpha = aM$, so folgt

$$r = \frac{1}{2M}. \tag{69}$$

Durch Multiplikation von (69) und (63) erhält man die aus der Geometrie bekannte Formel

$$abc = 4rF. \tag{70}$$

Drückt man a und b in (62) mit Hülfe von (68) aus, so erhält man

$$F = 2r^2 \sin\alpha \sin\beta \sin\gamma. \tag{71}$$

Bezeichnet man die Linie, welche α halbiert mit w_a, so ergiebt die Anwendung von (62) auf die beiden Teildreiecke

$$\tfrac{1}{2}bc \sin\alpha = \tfrac{1}{2}bw_a \sin\tfrac{1}{2}\alpha + \tfrac{1}{2}cw_a \sin\tfrac{1}{2}\alpha,$$

oder

$$w_a = \frac{bc \sin\alpha}{(b+c)\sin\tfrac{1}{2}\alpha} = \frac{2bc \cos\tfrac{1}{2}\alpha}{b+c}.$$

Bezeichnet man die von B gezogene Mediane mit m_b, die Winkel, in welche dieselbe β teilt, mit β_1 und β_2, und zieht man von der Mitte von b aus eine Parallele zur Seite c, so entsteht ein Dreieck, dessen Seiten $\tfrac{1}{2}a$, $\tfrac{1}{2}c$ und m_b, und dessen Winkel β_1, β_2 und $180° - \beta$ sind. Sind a, c und β gegeben, so lassen sich also m_b, β_1 und β_2 bestimmen. (Zweiter Fall.)

Beisp. 1.

In jedem Dreieck ist

$$\sin\alpha + \sin\beta + \sin\gamma = 4\cos\tfrac{1}{2}\alpha \cos\tfrac{1}{2}\beta \cos\tfrac{1}{2}\gamma.$$

Es ist $\sin\gamma = \sin(\alpha+\beta)$; mittels (44) erhält man

$$\sin\alpha + \sin\beta + \sin\gamma$$
$$= 2\sin\tfrac{1}{2}(\alpha+\beta)\cos\tfrac{1}{2}(\alpha-\beta) + 2\sin\tfrac{1}{2}(\alpha+\beta)\cos\tfrac{1}{2}(\alpha+\beta)$$
$$= 2\sin\tfrac{1}{2}(\alpha+\beta)[\cos\tfrac{1}{2}(\alpha-\beta) + \cos\tfrac{1}{2}(\alpha+\beta)]$$
$$= 4\cos\tfrac{1}{2}\alpha \cos\tfrac{1}{2}\beta \cos\tfrac{1}{2}\gamma.$$

Beisp. 2.

In jedem Dreieck ist

$$tg\,\alpha + tg\,\beta + tg\,\gamma = tg\,\alpha\, tg\,\beta\, tg\,\gamma \quad \text{(vergl. Beisp. 25).}$$

Beisp. 3.

Der Flächeninhalt eines Vierecks ist gleich dem halben Produkte aus den Diagonalen und dem *sin* des Winkels, den dieselben einschliefsen.

Das folgt, wenn man die Flächeninhalte der beiden Dreiecke ausdrückt, welche eine Diagonale zur gemeinschaftlichen Grundlinie haben, und dieselben addiert.

Beisp. 4.

Winkel und Flächeninhalt eines Sehnenvierecks mit den Seiten a, b, c und d zu finden.

Bezeichnet (ab) den Winkel zwischen a und b, so erhält man, wenn man das Quadrat der Diagonale zweimal ausdrückt und beachtet, dafs $cos\,(ab) = -\,cos\,(cd)$,

$$a^2 + b^2 - 2ab\,cos(ab) = c^2 + d^2 + 2cd\,cos(ab);$$

$$cos\,(ab) = \frac{a^2 + b^2 - c^2 - d^2}{2\,(ab + cd)}.$$

oder, wenn man den Umfang mit $2s$ bezeichnet,

$$1 + cos(ab) = 2\,cos^2 \tfrac{1}{2}(ab) = \frac{(a+b)^2 - (c-d)^2}{2\,(ab+cd)}$$

$$= \frac{2\,(s-c)\,(s-d)}{ab+cd},$$

$$1 - cos(ab) = 2\,sin^2 \tfrac{1}{2}(ab) = \frac{(c+d)^2 - (a-b)^2}{2\,(ab+cd)}$$

$$= \frac{2\,(s-a)\,(s-b)}{ab+cd},$$

woraus

$$tg\,\tfrac{1}{2}(ab) = \sqrt{\frac{(s-a)\,(s-b)}{(s-c)\,(s-d)}}.$$

Bezeichnet man den Flächeninhalt mit F, so hat man

$$F = \tfrac{1}{2}ab\,sin(ab) + \tfrac{1}{2}cd\,sin(cd) = \tfrac{1}{2}(ab+cd)\,sin(ab)$$
$$= (ab+cd)\,sin\tfrac{1}{2}(ab)\,cos\tfrac{1}{2}(ab),$$

oder

$$F = \sqrt{(s-a)(s-b)(s-c)(s-d)}.$$

Für $d = 0$ erhält man den für das Dreieck bekannten Ausdruck.

Beisp. 5.

Den Flächeninhalt eines regulären n-Ecks zu finden.

Bezeichnet man den Radius des umbeschriebenen Kreises mit r, so wird die Seite $2r\sin\frac{\pi}{n}$, der kleine Radius $r\cos\frac{\pi}{n}$, folglich der Inhalt

$$F = \frac{n}{2} r^2 \sin \frac{2\pi}{n}.$$

Dasselbe erhält man sofort durch Anwendung von (62) auf das Centraldreieck.

Beisp. 6.

Von einem Dreieck sind γ, c und $a+b = s$ gegeben: man soll die übrigen Stücke bestimmen.

Man hat

$$c^2 = (a+b)^2 - 4ab\cos^2\tfrac{1}{2}\gamma,$$

also

$$4ab = (s^2 - c^2)\sec^2\tfrac{1}{2}\gamma.$$

a und b sind nun leicht als Wurzeln einer quadratischen Gleichung zu bestimmen.

Aus (56) ergiebt sich

$$\cos\tfrac{1}{2}(\alpha - \beta) = \frac{s}{c}\sin\tfrac{1}{2}\gamma,$$

und hierdurch findet man α und β wie im zweiten Fall bei der Auflösung der Dreiecke.

Beisp. 7.

Gegeben sind a, und die Projektionen der einschliefsenden Seiten auf a (a_1 und a_2).

Man hat

$$a_1 = b\cos\gamma, \quad \text{also} \quad \frac{a_1}{a_2} = \frac{b\cos\gamma}{c\cos\beta} = \frac{\sin\beta\cos\gamma}{\sin\gamma\cos\beta},$$
$$a_2 = c\cos\beta,$$

woraus

$$\frac{a_1 + a_2}{a_1 - a_2} = \frac{\sin\alpha}{\sin(\beta - \gamma)};$$

hieraus ergiebt sich $\beta - \gamma$ und dadurch β und γ; c und b berechnet man am einfachsten, nachdem γ und β bestimmt sind.

Beisp. 8.

Sind a, c, b und d vier Punkte, welche so auf derselben Geraden liegen, dafs

$$\frac{ca}{cb} = m\frac{da}{db},$$

und verbindet man dieselben mit einem beliebigen Punkt o, dann ist auch

$$\frac{\sin coa}{\sin cob} = m\frac{\sin doa}{\sin dob}.$$

Man hat nämlich

$$\frac{\triangle coa}{\triangle cob} = \frac{ca}{cb} = \frac{ao \cdot oc \sin coa}{bo \cdot oc \sin cob};$$

$$\frac{\triangle doa}{\triangle dob} = \frac{da}{db} = \frac{ao \cdot od \sin doa}{bo \cdot od \sin dob}.$$

Setzt man diese Ausdrücke in die gegebene Gleichung ein und verkürzt, so erhält man das angegebene Resultat.

Beisp. 9.

Die Seiten eines Dreiecks bilden eine arithmetische Reihe. Der Flächeninhalt desselben beträgt $\frac{3}{5}$ von dem Inhalt eines gleichseitigen Dreiecks von demselben Umfang. Man bestimme die Winkel.

Bezeichnet man die Seiten mit $a-x$, a und $a+x$, so erhält das gleichzeitige Dreieck die Seite a, also den Inhalt $\frac{a^2}{4}\sqrt{3}$. Das gesuchte Dreieck hat zufolge (63) den Inhalt $\sqrt{\frac{3}{4}a^2(\frac{1}{4}a^2-x^2)}$.

Man hat also

$$\sqrt{\tfrac{3}{4}a^2(\tfrac{1}{4}a^2-x^2)} = \tfrac{3}{5}\cdot\frac{a^2}{4}\sqrt{3},$$

woraus

$$x = \tfrac{2}{5}a.$$

Die Seiten des Dreiecks sind also

$$\tfrac{3}{5}a, \quad a \quad \text{und} \quad \tfrac{7}{5}a.$$

Da die Winkel nur von den Verhältnissen der Seiten abhängen, so kann man $a=10$, $b=6$, $c=14$ setzen; mittels (48) erhält man dann

$$\alpha = 21°47'12''; \quad \beta = 38°12'47''; \quad \gamma = 120°.$$

Beisp. 10.

Eine unzugängliche Mauer AB wird von einem Punkte, östlich von dem einen Ende, unter einem Winkel v, und von einem Punkte, südlich vom anderen Ende, gleichfalls unter einem Winkel v gesehen. Die Entfernung der beiden Punkte ist a. Beweise, dafs $AB = a\,tgv$. (Benutze (68).)

Beisp. 11.

Von einem Punkte innerhalb eines gleichseitigen Dreiecks sind Linien bis an die Eckpunkte gezogen. Die Winkel um den Punkt sind beziehungsweise 100°, 170° und 90°. Man soll die übrigen Winkel der Figur bestimmen.

Zwei von den Linien und zwei von den Seiten bilden ein Viereck; dadurch erhält man die Summe von zwei der gesuchten Winkel. Darauf kann man das Verhältnis ihrer *sin* bestimmen und dann die erste Formel (44) benutzen.

Übungsaufgaben.

86. In einen Kreis mit dem Radius r ist ein Viereck beschrieben, dessen Eckpunkte die Peripherie in Bogen von a, β, γ und δ Grad teilen. Bestimme den Flächeninhalt des Vierecks, und bestimme die Summe der Grade von zwei gegenüberliegenden Bogen, wenn der Flächeninhalt und die übrigen Gröfsen gegeben sind.

87. In einem Tangentenviereck ist $\angle A = 70°$, $\angle C = 80°$, $AB = 17$ und $BC = 13$. Man suche die fehlenden Stücke.

88. Bestimme die Stücke eines Dreiecks, wenn a, $\beta - \gamma$ und $h_b + h_c$ gegeben sind.

89. Um zwei Räder, deren Radien 1 m und 3,3 m und deren Centrale 9,5 m sind, soll ein Treibriemen gelegt werden. Wie lang mufs derselbe sein?

90. Bestimme ein Dreieck aus a, r und ρ.

91. Bestimme die Summe der n ersten Glieder der Reihe
$$sin\,a + sin\,2a + sin\,3a + \ldots$$

92. Ein reguläres *n*-Eck ist in einen Kreis mit dem Radius *r* beschrieben, und einer von den Bogen ist nach einem gegebenen Verhältnis geteilt; bestimme die Summe aller der Linien, welche vom Teilungspunkte bis an die Eckpunkte gezogen sind.

93. An einen Kreis mit dem Radius *r* werden von demselben Punkte eine Tangente *t* und eine Sekante gezogen, welche mit der Tangente den Winkel *v* bildet. Man soll die Abschnitte der Sekante berechnen.

94. Wie bestimmt man die Linie durch den Mittelpunkt eines regulären Polygons, welche das möglichst große Flächenstück abschneidet?

95. Zwei Kreise mit den Radien *r* und r_1 schneiden sich unter dem Winkel *α*; wie lang ist ihre gemeinsame Tangente?

96. In einem Dreieck, dessen einbeschriebener Kreis den Mittelpunkt *O* hat, ist $OA = m$, $OB = n$, $OC = p$. Zeige daß

$$(\rho + m)^2 = s(s-a) - \frac{s-a}{a}(p-n)^2.$$

97. Welche Gleichung hat die Wurzeln

$$\frac{2\sqrt{7}}{3} \, cos \, \frac{2p\pi + a}{3},$$

wo *p* gleich -1, 0 und $+1$ und $cos\, a = \dfrac{1}{2\sqrt{7}}$?

98. In einem rechtwinkligen Dreieck ist die Hypotenuse durch Linien, welche vom Scheitelpunkt des rechten Winkel aus gezogen sind, in drei gleiche Teile geteilt. Der rechte Winkel wird dadurch in drei Teile geteilt, von denen der mittlere *α* ist; wie groß sind die beiden anderen?

99. Auf dem einen Schenkel eines gegebenen Winkels *φ* liegen die Punkte *A* und *B*, auf dem anderen der Punkt *C*. Bestimme den Winkel *ACB*, wenn die Entfernungen der Punkte vom Scheitelpunkt des Winkels beziehungsweise *a*, *b* und *c* sind.

100. Von einem Sehnenviereck kennt man zwei gegenüberliegende Seiten und die Winkel. Wie berechnet
man die beiden anderen Seiten?

101. Von einem Viereck sind die vier Seiten gegeben
nebst der Linie, welche die Mitten von zwei gegenüberliegenden Seiten verbindet. Bestimme die
Winkel zwischen je zwei gegenüberliegenden Seiten.

102. Wie bestimmt man die Winkel eines Dreiecks,
wenn die Radien der äufseren Berührungskreise
gegeben sind?

103. Zwei Sehnen teilen eine Kreisperipherie in Bogen
von gegebener Gradanzahl. Nach welchem Verhältnis
teilen sich die Sehnen?

104. Bestimme die Stücke eines Dreiecks aus α, ρ und ρ_a.

Die sphärischen Grundformeln.

1. Eine durch den Mittelpunkt einer Kugel gelegte Ebene schneidet diese in einem gröfsten Kreise. Die Endpunkte eines auf der Ebene eines gröfsten Kreises senkrecht stehenden Durchmessers heifsen Pole desselben. Die Entfernung zweier Punkte auf der Kugelfläche wird durch den Bogen des gröfsten Kreises gemessen, der sie verbindet; derselbe wird in Graden ausgedrückt oder in reinen Zahlen, für welche der Radius der Kugel die Einheit ist.

2. Ein sphärischer Winkel oder der Winkel zwischen zwei Bogen gröfster Kreise ist der Winkel, welcher von den an diese in ihren Durchschnittspunkt gezogenen Tangenten gebildet wird. Da jede von diesen Tangenten in der Ebene des zugehörigen gröfsten Kreises liegt und senkrecht auf der Durchschnittslinie dieser Ebenen steht, so ist ihr Winkel gleichbedeutend mit dem Neigungswinkel der Ebenen. Derselbe wird ein rechter, wenn jeder von den gröfsten Kreisen durch den Pol des anderen geht. Ein sphärisches Dreieck wird von drei Bogen gröfster Kreise begrenzt; dasselbe erhält drei Seiten und drei Winkel. Zieht man von den Eckpunkten Linien bis an den Mittelpunkt der Kugel, so entsteht eine dreiseitige Ecke, deren drei Kantenwinkel

(Seiten) gleich den drei Seiten des sphärischen Dreiecks, und deren Neigungswinkel gleich den Winkeln des Dreiecks werden. Die Bezeichnung der Seiten und Winkel ist dieselbe wie beim ebenen Dreieck.

3. Von den sechs Stücken eines sphärischen Dreiecks lassen sich im allgemeinen drei bestimmen, wenn die drei übrigen gegeben sind, da man Relationen zwischen vier beliebigen Stücken aufstellen kann. Diese können sein:

1 Winkel und 3 Seiten. (*A*)

2 Winkel und 2 gegenüberliegende Seiten. (*B*)

2 Winkel, 1 anliegende und 1 gegenüberliegende Seite. (*C*)

3 Winkel und 1 Seite. (*D*)

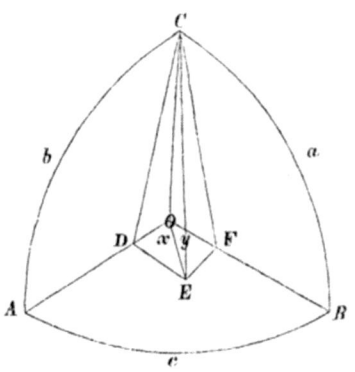

O sei der Mittelpunkt der Kugel, *ABC* das sphärische Dreieck. Man fälle *CE* senkrecht auf die Ebene *AOB*, ziehe *EF* ⊥ *OB*, *ED* ⊥ *OA*.

Dann hat man wie bekannt

CD ⊥ *OA*; *CF* ⊥ *OB*

und folglich

$$\angle CDE = \alpha; \quad \angle CFE = \beta;$$
$$CD = \sin b, \quad OD = \cos b; \quad CF = \sin a, \quad OF = \cos a.$$

Nun ergiebt sich aus den Dreiecken *CDE* und *CFE*:

$$CE = CD \sin\alpha = \sin b \sin\alpha; \quad CE = CF \sin\beta = \sin a \sin\beta,$$

folglich

$$\sin b \sin\alpha = \sin a \sin\beta;$$

diese Gleichung läfst sich mit den analogen auf die Form

$$\frac{\sin a}{\sin a} = \frac{\sin \beta}{\sin b} = \frac{\sin \gamma}{\sin c} \qquad (B)$$

bringen, welche die Relationen der zweiten Art darstellt.

Zieht man OE und setzt $\angle DOE = x$, $\angle FOE = y$ $= c - x$, so hat man

$$OF = OE \cos(c - x) = OE \cos c \cos x + OE \sin c \sin x,$$

aber

$$OF = \cos a; \quad OE \cos x = OD = \cos b;$$

$$OE \sin x = DE = DC \cos a = \sin b \cos a,$$

mithin

$$\cos a = \cos b \cos c + \sin b \sin c \cos a; \qquad (A)$$

diese Formel nebst ihren analogen macht die Relationen der ersten Art aus. Ferner ist

$$EF = OE \sin(c - x) = OE \sin c \cos x - OE \cos c \sin x,$$

aber

$$EF = CF \cos \beta = \sin a \cos \beta; \quad OE \cos x = OD = \cos b;$$

$$OE \sin x = DE = DC \cos a = \sin b \cos a,$$

mithin

$$\sin a \cos \beta = \cos b \sin c - \sin b \cos c \cos a \qquad (\alpha)$$

eine Relation zwischen fünf Stücken, zu der noch fünf analoge gehören.

Dividiert man (α) durch die Gleichung

$$\sin a \sin \beta = \sin b \sin a,$$

so erhält man

$$\left. \begin{aligned} \cot \beta &= \frac{\cos b \sin c - \sin b \cos c \cos a}{\sin b \sin a} \\ \cot \beta &= \frac{\cos b \sin a - \sin b \cos a \cos \gamma}{\sin b \sin \gamma} \end{aligned} \right\}, \qquad (C)$$

wo die letzte Gleichung aus der ersten durch Vertauschung von a und a mit c und γ gebildet ist. (C) nebst den beiden analogen Paaren stellt die Relationen der dritten Art dar.

Vertauscht man in (α) b und β mit c und γ, so hat man

$$sin\,a\,cos\gamma = cos\,c\,sin\,b - sin\,c\,cos\,b\,cos\,\alpha. \qquad (\beta)$$

Multipliciert man (α) mit $cos\,\alpha$ und addiert (β), so erhält man

$$sin\,a\,(cos\,\alpha\,cos\,\beta + cos\,\gamma)$$
$$= cos\,c\,sin\,b - sin\,b\,cos\,c\,cos^2\,\alpha = cos\,c\,sin\,b\,sin^2\,\alpha,$$
$$cos\,\alpha\,cos\,\beta + cos\,\gamma = cos\,c\,\frac{sin\,b}{sin\,a}\,sin^2\,\alpha,$$

aber

$$\frac{sin\,b}{sin\,a} = \frac{sin\,\beta}{sin\,\alpha},$$

mithin

$$cos\,\alpha\,cos\,\beta + cos\,\gamma = cos\,c\,sin\,\beta\,sin\,\alpha$$

oder

$$cos\,\gamma = -cos\,\alpha\,cos\,\beta + sin\,\alpha\,sin\,\beta\,cos\,c; \qquad (D)$$

diese Gleichung macht mit den analogen die Relationen der vierten Art aus. Diese und die Relationen der ersten Art werden aus einander abgeleitet, indem man das Dreieck mit seinem Polardreieck vertauscht.

4. Die gefundenen Formeln können zur Auflösung des Dreiecks in den sechs Fällen dienen, welche vorkommen können, aber da nur (B) logarithmisch ist, so wendet man im allgemeinen bequemere Formeln an, welche aus diesen abgeleitet sind. Setzt man $\gamma = R$, so erhält man Formeln für das rechtwinklige Dreieck, welche sämtlich logarithmisch werden.